延参法师

品味人生

系列丛书

延参法师 著

幽幽禅河不尽灯

山东人民出版社
国家一级出版社 全国百佳图书出版单位

图书在版编目（CIP）数据

幽幽禅河不尽灯/延参法师著．-- 济南：山东人民出版社，2017.6

（延参法师品味人生系列丛书）

ISBN 978-7-209-10821-8

Ⅰ．①幽… Ⅱ．①延… Ⅲ．①人生哲学－通俗读物 Ⅳ．①B821-49

中国版本图书馆CIP数据核字(2017)第133958号

幽幽禅河不尽灯

延参法师　著

主管部门　山东出版传媒股份有限公司
出版发行　山东人民出版社
社　　址　济南市胜利大街39号
邮　　编　250001
电　　话　总编室（0531）82098914
　　　　　市场部（0531）82098027
网　　址　http://www.sd-book.com.cn
印　　装　青岛国彩印刷有限公司
经　　销　新华书店

规　　格　32开（145mm×210mm）
印　　张　11
字　　数　200千字
版　　次　2017年6月第1版
印　　次　2017年6月第1次
印　　数　1-10000
ISBN 978-7-209-10821-8
定　　价　36.00元

序

千秋禅意说似无

水似禅心净，月如人从容。禅心是什么样？是无忧，是无怨，是无悔，是无争，是无住，是无心，是无我……当一个人的心真的如禅心一样无忧、无怨、无悔、无争、无住、无心、无我，那他就能在纷繁的世事中游刃有余，悠然踱步，一如天空东升西落的圆月，从容来去。

有一首非常有名的禅诗：“春有百花秋有月，夏有凉风冬有雪。若无闲事挂心头，便是人间好时节。”云门文偃禅师也曾说：“日日是好日，时时是好时。”这不是一种单纯的祝愿，而是一种无忧的禅者的心态，一颗禅心是完全放下了忧愁的。虽然人们常说“人无远虑，必有近忧”，但是真正的远虑不是担忧或思虑未来，而是把握好每个当下。

一味地猜测或担忧未来，反倒成为一种挂碍，成为一种负担。人固然是要有希望，有理想，但是那些都只是让我们努力的一种动力，在前往梦想的道路上，你付出了什么，就会自然而然地有它应有的果报，担忧和在乎结果是多余的。毕竟人生很多事情不是单纯地可以靠人力来改变的，在努力并坚持的过程里，我们把握了每一个当下，面对每一个日出日落，没有愧疚，没有遗憾，这就已经是收获了成功。

佛法讲过去心不可得，现在心不可得，未来心不可得。过去的已然成为历史，无法追回，现在的不能停留，言出即成为过去，而未来又有太多的变数，不仅世事无常，我们自己的心更是无常，所以用现在的心去衡量或界定未来，这无疑是愚蠢的。多少人许下天长地久，最后又都自愿分手，当初山盟海誓，恨不能朝夕相处，片刻不离，自己都想不到后来却是恨不能天涯海角，永不相逢。“人非圣贤，孰能无过?”人生有太多的意外结局，无论是自己无意的还是有心的错误，我们不能总是为之内疚、为之后悔。我们常说的忏悔，不是后悔。忏悔，更多的是一种自我的激励，而不是一味地自责。忏之前愆，悔之后过，因为发自内心地认识到了自己的错误，所以告诫自己以后不再犯同样的过失。为了能够让自己无悔，我们更应该学会珍惜，珍惜自己所拥有的一切，不让失去后徒然追悔莫及，学会努力，不要在未来空叹“少壮不努力，老大徒伤悲”。

若说时间无情，那是你没有珍惜时间。其实时间给了我们很多机会、很多空间，但是因为我们自己蹉跎、浪费，等到时间流逝又后悔时，便埋怨是时间无情。其实，时间从来都没有什么无情，也没有什么有情，不懂得把握时间、利用时间才是真正地对自己无情。不是时间没有给我们机会，而是我们一次又一次地错过。

世事变幻莫测，人心无常善变。今天想拥有的，未必在未来是幸福的，很多事情想得太多只会是一种负累。生命是个复杂的东西，我们谁能够预测下一秒的故事呢？那么，就好好活着吧，用这一秒的行动去改变下一秒的命运。因为，过去的已经成为历史，只有好好地把握当下才能把握未来。无论是对于未来，还是对于当下，面对那些不如意事，我们完全没有必要埋怨。对我们的命运、对我们在人生路上所遇到的一切都能够欢喜接受，没有怨也没有恨，这是一个禅者应有的心无所怨。不仅无怨，不仅欣然接受，还应心怀感恩。

人要活得幸福，光有智商是不够的，还要有情商、逆商。情商就是能够管理好自己的情绪、情感，善于跟其他人配合，迅速适应环境。逆商是指一个人在面对不如意的环境、不如意的情景的时候，他的反应能力、适应能力和转化能力。每个人在生活中都不会一帆风顺，有时会有逆风，遇到逆风的时候怎么转化它、面对它、利用它，这种能力是因人而异的。所以孟子讲“生于忧患”，意思是说那些经过种种困难考验过的人，他们的逆商比常人要高。逆商太低，面临逆境时没有足够的坚强，就只有埋怨了，就总是认为自己委屈，认为自己被人欺负。其实，当人的内心觉得委屈时，不是别人如何欺负了自己，是自己的承受力不够。我们每个人都有自以为是的陋习，走不出自己的那片天地，执着于外境的困扰，执着于过去的纠葛，执着于得失的计较，等等，从而迷失了自我。禅心是一种坦然，更是一种睿智，它从来不会停留在对过去的执着、对过去的后悔里，而是让我们怎样不再给自己的人生带来新的后悔，不苛责自己，也不苛责他人，踏实地过好每一天。

虽说我们都是凡夫俗子，只有平凡的一生，但是，再平凡的生命也会闪耀发光，实现自己与众不同的价值。相信，每个人，每个生命都有属于自己的精彩，都有光彩夺目的一面。在坚持、付出的过程中展现我们生命的壮丽，实现我们人生的价值，用我们付出的艰辛来换取心灵的宁静，那是一种自然的安详。所以，生命是美好的，美在简单，美在平凡，美在我们所走过的真实的每一天。

谨以为序。

目录

第一章　幸福从哪里来

慧去生活，生活才会轻松。

069 / 历史就是延长的天空

亘古流淌的不是英雄的轰轰烈烈，而是平常百姓的平淡生活。

071 / 活一份生活的简约

真正决定你快乐与否的只是你自己，自己的胸怀，自己的豁达。

073 / 为了那些告别的过去

在这个世界上没有什么可以是永恒的，无论成功还是失败，都只是个新的开始。

074 / 学会遗忘

如果不快乐了，请一定要学会遗忘。

076 / 不远的快乐

容易发怒，是品格上最为显著的弱点。

077 / 别无选择的选择

心晴的时候，雨也是晴；心雨的时候，晴也是雨。

078 / 如梦人生好心情

生活如天气一样阴晴不定，可是我们的心情不能随着生活而喜怒无常。

079 / 艰辛与坎坷，滋味在心头

苦难是一块或大或小的石头，但是它的里面蕴藏着和这石头的大小成正比的幸福。

193 / 静静的心海
所有的障碍都在我们的内心里。

194 / 从容地活着
不论卑微或是伟大，无论贫穷或是富有，都要从容来去，坦然今生。

195 / 人生就是一个人的较量
大海纵然辽阔，海的尽头还有一片更宽广的天际，所以如果要较量，就和自己的内心较量。

197 / 善良和勇敢
勇敢可以来自一万个方面，但只有来自善良和道义的勇敢才是真正的勇敢。

198 / 坦 然
温柔而平静地注视你生命中的喜悦和忧伤，让你所有的泪水和欢笑都随风散去。

199 / 宽容走过人世间
沉重在宽容里释放，心灵在宽容里升华。

201 / 生命的公敌
生命的公敌是我们的无知。

203 / 等待那些明天的期待
只有坚持到最后一步，生活的真相才会水落石出。

第五章　从容谢铅华

307 / 打起精神向前活

走自己的路，为自己而活，宁愿笑着哭泣也不要哭着说后悔。

309 / 破茧成蝶

生命因坚强而美丽，不能战胜生活就会被生活抛弃。

310 / 似水流年，浮生若梦

春有暖风熏，夏有落雨赏，秋有菊花黄，冬有飞雪扬，只要是满怀希望的人生，每个季节都会弥漫着芬芳。

313 / 岁月无语如静流

只有感受过疼痛，步伐中才会有那种荣辱不惊的从容；只有经历过坎坷，眼神里才会有那种面对纷繁世事的淡定。

316 / 生活非常道

流行的不一定是正确的，人生道路需要在收敛中克制自己。社会纵然千般复杂，生活纵然万般变化，我们永远没有随着不良习气随波逐流的理由。

319 / 生命要与快乐结缘

如果生活已经很苦闷，再用剩下的时间来咀嚼苦闷，只会让生活更加糟糕，所以要放开心胸，学会从苦闷中解脱出来。

第一章

幸福从哪里来

当生命邂逅死亡时

不是每一个人都可以幸运地过自己理想中的生活，但是因为生活和理想不一样就哭吗？

人间富贵花间露，纸上功名水上沤。时空不停地流转，在岁月的轮回中，沧海变桑田，繁华化苍凉，此时的春深似海，转眼就是衰柳枯杨；多少的帝王名将，终成孤冢一堆在蛮荒。风流易碎，往事会忘，当生命邂逅死亡时，穷人与富人同消，少年与老人同去，恩人与仇人携手，平民与官员同路，珠宝与石块共碎，茅屋与大厦共毁。只需刹那间，就能抹平了恩爱怨仇，埋葬了利禄功名，洗尽了是非功过，淹没了成败得失，卷走了忠奸黑白。

穷也罢，富也罢，老也罢，少也罢，爱也罢，恨也罢，得也罢，失也罢，是也罢，非也罢，成也罢，败也罢，所谓的穷富老少、爱恨得失、是非成败，都会如浮云一样。既如此，我们何苦还为那点蝇头小利斤斤计较？何苦还为那段没有结果的感情哭哭啼啼？何苦还成天和身边的人闹得你死我活？何苦还为钱、为名、为利、为车、为房日日奔波，夜夜思量？

这个世界有时改变得太快，我们无法琢磨无法控制，我们永远也不知道下一刻会发生什么，所以请珍惜我们宝贵的生命，珍惜我们正拥有着的生活。不是每一个人都可以幸运地过自己理想中的生活，但是因为生活和理想不一样就哭吗，就不继续生活吗？所以，无论现实生活和理想中的差距有多大，都一定要珍惜现在拥有的，并享受自己所过的生活。人生的确有很多的遗憾，人生也的确有很多的无奈，但正是因为无奈，所以我们学会了忍耐，正是因为遗憾，我们学会了看淡。

其实，人生最宝贵的东西都是免费的：阳光，是免费的；空气，是免费的；月光，是免费的；星辉，是免费的；亲情，是免费的；友情，是免费的；梦想，是免费的；信念，是免费的。那么多美好的东西都是免费的，造物主早已把最珍贵的一切，免费地给予了我们每一个人，所以请珍惜并爱护自己和他人的生命，珍惜眼前的生活，珍惜自己拥有的一切。

和快乐结成同盟

要么我们去驾驭生命，要么是生命驾驭我们。我们的心态决定谁是坐骑，谁是骑师，一个健全的心态比一百种智慧更有力量。

有人说，快乐是春天的鲜花、夏天的绿荫、秋天的野果、冬天的漫天飞雪。其实，快乐就在我们身边，一个会心的微笑，一次真诚的握手，一次倾心的交谈，都是一件快乐无比的事情。

不快乐是一天，快乐也是一天，我们何不天天都快乐呢！这句话是多么熟悉、简单，但我们是否也在行动，让自己天天快乐呢？你的心态就是你真正的主人，我们不能延长生命的长度，但可以扩展它的宽度；我们不能改变天气，但可以左右自己的心情；我们不可以控制环境，但可以调整自己的心态。要么我们去驾驭生命，要么是生命驾驭我们，我们的心态决定谁是坐骑，谁是骑师，一个健全的心态比一百种智慧更有力量。

如果拥有积极的心态，就可以得到快乐，就会改变自己的命运。乐观豁达的人，能把平凡的日子变得富有情趣，能把沉重的生活变得轻松活泼，能把苦难的光阴变得甜美珍贵，能把烦琐的事情变得简单干练。放开我们的心灵，给自己一个广阔的空间。

快乐是什么？善于发现别人的优点，并把它转化成自己的长处，你会成为快乐的聪明人；善于把握人生的机遇，并把它转化成自己的机遇，你会成为快乐的优秀人；善于捕捉健康的元素，并把它转化成自己的幸福，你会成为快乐的富有人。借人之智，完善自己，服务他人，精益求精。懂得感恩的人，会善待他人，懂得惜福的人，会善待自己，懂得欣赏的人，会善待周围的一切，这也是快乐的人。

生活中，一个好的心态，可以使你乐观豁达；一个好的心态，可以使你战胜面临的苦难；一个好的心态，可以使你淡泊名利，过上真正幸福的生活。人类几千年的文明史告诉我们，积极快乐的心态能帮助我们获取健康、幸福和财富。

我们随喜所有的善良

选择善良就是与人为善，选择善良就是选择另一种幸福。

“人之初，性本善。”人心原本是善良的，每个人都是带着纯真来到这个世上的。当我们涉世未深时，一闭上眼睛，用心就能听到世间最清澈的呼唤；但是，当我们走过了天真烂漫的少年时代，迎来了意气风发、斗志昂扬的青年时代，又走到了事业繁忙、成熟收获的中年时期，最后走进了人生的落寞黄昏，随着阅历的增多，我们的眼眸里几乎再也找不到一丝的清纯与透亮，却多了几分世故与沧桑。我们习惯用假面具来掩饰自己的内心，学会了要花费心思去揣测别人微笑后面有几成真实，学会了戴着有色眼镜去看事物，学会了以复杂的眼睛审视世界。随着岁月风尘的沉淀，看多了世态炎凉，看够了世间的千奇百怪。在世间受到了种种功名利禄的诱惑，人心就变得茫然，人情就变得冷漠，一颗原本善良淳朴的心就变得像石头般坚硬而无情。

没有了善良，世界是荒凉的。人心不能向善，人与人之间就无法拥有真情。人间如果没有了真情，幸福的生活就是荒诞可笑的，空气也是虚伪的。人们生活的这个世界简直就是人间的地狱。

清澈的水来自雪山之巅，人的善良来自干净的心底。心不善则事事都往坏的方面看，对人也是吹毛求疵，只找缺点、不看优点。心不善的人，对任何人、事、物都很少感激、感恩，而是心有不满！我们要学会向内看自己的心，如何把自己心里的贪、瞋、痴慢慢去掉，而不是学着如何往外去看别人，去批评别人。如果不能经常扪心自问，非得往外看不可，还有一条可行的路，那就是学习多看别人的优点，而不是看别人的缺点。能够做到经常看别人的优点，久而久之，必能使心地慢慢地转为善良，心转善了之后，自然地便会开始随喜别人的善事，而不是吃醋或嫉妒。换言之，能够真心随喜别人的人，必然是心地善良、宽容大度的人！不能随喜又好批评别人的人，则无疑是心不善又心胸狭小的人了。

选择善良就是与人为善，选择善良就是选择另一种幸福。人们因善良而变得淳朴与友善，人们因为善良而放弃妒忌和罪恶，如果人人都拥有善良的本质，那么这个世界将充满爱，充满温馨和美好。

虽然我们有时不能实施善良，但我们可以随时随地随喜别人的善良，赞叹别人的善良，歌颂别人的善良，因为随喜别人的善良也是一份功德，也是一种善良。

生活无须奢望

拥有一颗善良的心，就已经拥有了最美丽的生命。

活着，不必奢望会像白杨那样俊逸挺拔，或像松柏那样岁岁长青，也不必奢望开得繁花朵朵，或是结出硕果累累。若能像棵小草，拥有它淡然安分、倔强坚韧的心境，像它一样春绿秋黄，岁枯岁荣，也是一种幸福。

生活无须奢望，与其奢望拥有动人的容颜，不如努力拥有美好的心灵；与其奢望成就一番惊天动地的事业，不如用一片爱心去走过生命中平凡的岁月；与其奢望获得一马平川的人生，不如期待在风雨中练就无畏的坚强。

金钱、地位、荣誉、名声、权力，这些都未必是人生真正的财富，如果能拥有一颗善良的心，一颗纯净的心，那么，哪怕只是一株碧叶青青的无名小草，蓬勃灵动地迎风而舞，也已经拥有了最美丽的生命。

学会祝福自己

祝福他人，更要学会祝福自己。

走过人生的悲欢离合，看过人世的如梦浮华，知道所有的辉煌终会归于平淡，所有的繁华终将化为云烟，心便在一份坦然和宁静中漫步，在一份恬静闲适中感悟人生极致的美。走过人生的风风雨雨，纯净的心田里对人世间只有无尽的祝福，愿天下太平、国家强盛、社会祥和、人民安康，愿每个人在每天里都有花香作伴，有微笑作陪。

祝福我们的亲人，祝福我们的朋友，也祝福那些与我们意见不合的人，即使有些人曾经伤害过我们也不能改变我们对所有人的祝福，因为在我们的心里如果有了恨意，我们的内心世界就会黑暗。化解烦恼冰，人生更从容。祝福他人，完美自己的人生。

祝福他人，更要学会祝福自己。常常祝福自己是一种积极而乐观的良好心态，是一种勇于面对挫折和痛苦的坚强。事情的好与坏取决于我们的认识，端正好我们的心态，我们的人生就会充满阳光、充满鲜花，也会充满祝福。不断地祝福自己，不断地超越心灵的羁绊，你就会发现自己的人生充满了熠熠的光彩。把我们嘴角边泛起的那抹最生动而永恒的微笑化作对世界、对人生、对所有人的无尽的祝福，让那一声声祝福化为吟唱在我们心底的一首永恒的歌谣。

看星星在天空

一个人是否真正幸福，在于是否勇敢地接受自己现在所面临的苦难与不幸。

漫漫人生路，有苦有乐，有酸也有甜。一个人是否真正幸福，不在于那些温和而客气的祝福，而是在于自己是否勇敢地接受自己现在所面临的苦难与不幸。

如果有伤心或是委屈，请不要独自垂首落泪。抬头仰望，那晴朗的夜空正繁星点点，每颗星星都在如漆的黑夜里努力地闪烁着自己的光芒。真诚地邀星星来和我们聊天，把内心所有的不快向星星倾诉，让星星把我们的烦恼融化在深邃而无际的苍穹，然后忘却忧愁，甜美地入梦，在梦中快乐地牵着月儿的手遨游璀璨的星空。当新的晨曦来临时，让我们用月儿一样盈盈的笑脸迎接那红彤彤的朝阳。

当又一轮新的红日升起时，让我们像那坚强的星星一样，穿越黑暗的岁月，于逆境中磨砺出闪亮的从容！

送君一弯月牙

只是，你要懂得去欣赏它的美丽。

一弯新月如钩，斜挂星辉满天的苍穹，静静的月光，清辉流泻，空明澄净。在这个美好的时刻，让我把这弯月牙送给所有的朋友，希望这美丽的月华不仅能给喧嚣的心灵带去宁静，还能给辛劳疲惫的生活带去清凉。

当生活的重担压得我们喘不上气时，当琐事的烦恼与我们厮磨不休时，当复杂的人际交往让我们伤透脑筋时，就去看看送给大家的那弯美丽的月牙，要相信世界原本是美丽的，烦恼只是偶尔从月儿身旁经过的一片云，只要我们别抓住它不放，它很快就会游到远方。

其实，这弯闪烁着迷人光芒的月牙无须他人相送，明月亘古在天，它从来都是属于这个世界，属于我们每一个人的——只是，你要懂得去欣赏它的美丽。

人生究竟不是浮云

实实在在的人生，需要我们踏踏实实地走完。

回望历史长河的画卷，人类已经走过的七千多年的文明历史，在宇宙的无限时空里，只是一瞬间而已。而人生短短的几十寒暑，相对于浩瀚的银河来说，更是渺小得几近虚无。匆匆岁月，百年人生，就像远处飘来的一朵朵白云，走过了，飘过了，没有留下任何痕迹。但是，人生究竟不是浮云，不要只在心情灰暗的季节里，才想起开怀一笑的美丽时光；也不要总在冥晦阴霾的时候，才怀念起阳光灿烂的日子。

虽说人生苦空无常，但是，生活是现实的，也是残酷的，如果我们不认真对待生活当中的一切，就会遭到生活的捉弄，会给我们的工作和生活带来不必要的麻烦，造成无法挽回的损失。要懂得珍惜，珍惜每一寸光阴。光阴已逝去，寸金难买回。要珍惜每一段缘分，人海茫茫，能回首相聚就是缘分。要珍惜别人对自己的每一份关爱，哪怕只是一句问候，一个微笑。滴水之恩，当涌泉相报，而非以怨报德。要懂得尊重别人，感受别人，体恤别人。若不珍惜，则难以唤回曾经的友谊，再多的泪水也是枉然。

要学会感恩，感恩每一个人。感恩家人，给我们鼓励；感恩朋友，给我们面对困难的勇气；感恩老师，让我们有闯荡社会的能力；感恩对手，他是助我们成长的阶梯；感恩伤害自己的人，让我们学会更宽容地对待别人。没有不值得感恩的人，我们身边出现的每个人，都是为了帮助或锻炼我们而来的。

更要学会脚踏实地，一分耕耘一分收获，没有免费的午餐，兔子也并不是总会让守株的人得到，只有付出过，才有可能得到。当得不到的时候，也不要气馁。人生在世，本就是沉沉浮浮，过眼云烟，掌握了这些，你就掌握了人生究竟不是浮云的真谛。

人生究竟不是浮云，发生在我们身边的一切是那么地真实，生命中的一切我们必须去经历、去体验。这实实在在的人生，还需要我们踏踏实实地走完。

生亦精彩，死亦美丽。人生在世一遭，就要尽心尽力地坚持作为人该有的操守，完成该尽的责任与义务，才不失为顶天立地的人！这样，当回首逝去的岁月时，才会无憾。点燃生命之灯，让我们来奏响生命的强音，如海浪般执着，搏击在生命的旅程！

幸福在旅途

幸福不是比较，内心满足就是天堂。

人们总喜欢比较，拿自己跟别人比，也拿此人与彼人比。好像幸福是个比较级，要有东西垫底才感觉得到。其实，幸福不是比较，它就在我们身边，内心满足就是天堂。不必羡慕别人的生活，也许你此刻的生活正被他人梦寐以求着。

一切问题最终都是时间问题，相信爱和痛都会败给岁月。懂得光阴的无情，便会明白生活质量的重要。人们习惯于远视未来，却模糊了最近的幸福，感受当下吧，每一刻我们都可以找到环绕在我们身边的幸福。

细雨湿衣看不见，闲花落地听无声。很多人和物，真正失去时，才有种蓦然的警醒。眼睛看得见遥不可及的风景，却看不见不离不弃的睫毛。带上知足与珍惜的眼镜，我们可以看见在我们的人生旅途上，幸福始终与我们一路相伴。

人在秋天，心在旅途

把握当下是一种睿智，能把握好现在，才能掌握未来。

未来始终坐在红盖头下激发着人们的想象力，我们需要对未来有一份坚定的信念，但是信念莫成负担。明天是个大骗子，它的欺诈总是不那么容易被人识破，只有睿智的人懂得把握当下。

不如意的人喜欢缅怀过去，如意的人享受当下却不管将来，而实际上，前因后果总是相互关联的。现在，既是过去的未来，也是未来的过去。把握当下是一种睿智，能把握好现在，才能掌握未来。

智慧的人谈现在，愚蠢的人谈过去，傻子才谈未来。悲与喜都只是一种经历，得与失都只是一个过程，成与败都是人生的收获，以享受的心态把握眼前的每一刻。心在旅途，一路风光，百种滋味，千般美丽。

让忧愁成为云烟

你心中有什么，眼中就会有什么，幸福、痛苦、快乐、忧伤都是由自己的心情决定的。

人生不可能寄希望于一辈子万事大吉，只能寄希望于让我们的一生拥有一个好的心态。你心中有什么，眼中就会有什么，脸上也就会呈现什么样的色彩。既然快乐与否、忧伤与否，都是由自己决定的，那么就抛却不快，高兴起来吧，怀有一种积极向上的心态比什么都重要。

谁的人生没有包袱呢？关键看你是把它们当笑话抖掉，还是当负担背着。汗流浃背仍有心吹口哨的人总是路遥意惬。把高兴写在汗水里，一生会既透明又有味；把怨声挂嘴边，便时刻有说不完的苦恼。快乐或抑郁均为一种磁场，任何心境都具有神奇的感染力。太阳出来时，请吸收阳光；阴霾出现时，请释放阳光。生活无须刻意，但性格决定命运，还是阳光下做人，风雨中做事，痛并快乐着。

爱与恨懵懂，人生路悠悠

上天限定了我们人生的长度，然而却没有限定它的宽度。

人生路悠悠，放在无限的历史长河中，却是那么地短暂。光阴寸金，一定要好好珍惜，唯有珍惜才会让岁月生辉日月闪光。

上天限定了我们人生的长度，然而却没有限定它的宽度。用心做自己该做的事，人生的成功与失败、精彩与平凡都是自己努力的结果，无论这些结果是什么，都要平和面对。对人对事多一些豁达，少一些狭隘，多一些包容，少一些自私，多一些快乐，少一些惆怅，多一些热情，少一些冷漠，这样的人生就轻松了许多。悠悠岁月，不可能一路平坦，不管成功与否都是对我们人生的考验，重要的只在于体验其过程，感受苦辣酸甜等各种滋味，享受其中的乐趣。成熟之人不问过去，聪明之人不问现在，豁达之人不问未来。

不要懊悔曾经失去的东西，把握当下，才不会给人生留下太多的遗憾。不要对未来充满幼稚的幻想，也不要惧怕未来的结果，人生是实实在在的，种瓜不会得豆，只有把握当下、做好现在，未来才是真实的、美好的。

不要让泪水洒落一地哀愁

人生就八个字，喜怒哀乐忧愁烦恼，八个字里头喜和乐只占两个，看透就好了。

人生道路，曲曲折折，一生都平安顺利的人，就像一杯白开水，纯净却乏味，只有坚强地经受了风雨，将人生的白纸绘成一幅绚丽的彩图，才不枉到这个世界上走一遭。

生活，并不是每天都晴朗，都充满阳光，它有时也会雨急风狂，让我们刹那迷茫。当人生遭遇失败时，不要彷徨，当现实遭遇风雨时，一定要学会坚强。坚强面对命运所给予的一切，不要在泪水中迷失生命的方向。毕竟，人生就八个字，喜怒哀乐忧愁烦恼，八个字里头喜和乐只占两个，看透就好了。如果有悲伤的泪水在流淌，我们何不让自己在泪水中明白生命的不易和可贵，让泪水洗涤生命的尘埃，洗去生命的灰暗。生命因坚强而美丽，何不让哀愁的泪水化作感恩的泪水、开心的泪水，哪怕飘落于地，也能开出一片灿烂之花。

蓦然回首

懂得知足才会感恩，明白无常方能从容。

生活如同大自然，温柔而又凶悍。懂得知足才会感恩，明白无常方能从容。活着本身就是一种幸运。理想和现实总是有差距的。幸好有差距，不然，谁还稀罕理想？顽强的舵手即便看不到遥远的陆地，也甘愿享受拼搏的乐趣。

人生没有如果，却有很多但是。遇挫不必悔恨，只须重新奋起。成功者最大的财富就是坚忍，百折不挠，他们把每处深渊都当成下一个巅峰的起点。

事实上，站在潮头时才发现，苦痛与辉煌总是相伴而生，巅峰与深渊总是相侍而立。生命，在巅峰，享受的是掌声；在低谷，享受的是人生。其实，不管是巅峰，还是低谷，如果能保持一种淡泊，一种豁达，一种从容，就能在这跌宕起伏的过程中，领略精彩纷呈的美好人生。

向生命的每一个方向微笑

微笑不能买卖，无法租借，无法偷盗。

俗话说：人生有不如意十之八九。有喜亦有悲，有爱亦有恨，有希望亦有迷茫，有喜悦亦有苦涩，如此等等。但不论我们人生当下如何，若有人给你以真诚的微笑，你的内心都会有明显的改变。

微笑，是人类最基本的动作，我们何不时时带着微笑来面对一切人与事？当我们见到一位新朋友时，真诚友善的微笑会让我们之间的距离拉近；当遇到他人失败时，鼓励的微笑会给他带来自信；当遇到迷茫时，希望的微笑会带来新的方向。

微笑，似蓓蕾初绽。真诚和善良，在微笑中洋溢着感人肺腑的芳香。

每个人的人生或许各不相同，但微笑应该是人类独特的一种微妙表情，是人类的体态语言，是一种无声的感召。微笑不分高低贵贱，不分雅俗，凡是智力正常的人皆可有之。微笑不用投入，无需成本，没有价码，更不是商品，因此它无法进行真正意义上的买卖。无法租借，无法偷盗，它是人自然生成、自然消失、十分神秘的临时性表情。但它所带来的结果，是不能用金钱来衡量、用贵贱来区分的。一个微笑，会带给一个人，一个家庭，一个国家，乃至整个社会以进步、温馨与和谐。

生命中的微笑风采，包含着丰富的内涵。它是一种激发想象和启迪智慧的力。在顺境中，微笑是最好的嘉奖；在逆境中，微笑是对创伤的理疗。微笑像一杯热茶，滋润我们干涸的心田；微笑如一片薄荷，让你在春天感受到一丝清新；微笑似一缕阳光，给你一瞬间的温暖。生命是高贵的，让我们为其加上一个有力的标志，向生命的每一个方向微笑。

在希望中欣赏生命的平凡

大浪淘沙，成就的永远是金子，而关键是，沙子才是大多数。

没有希望的心田，是寸草不生的荒地。因为希望，让很多人产生了追求的想法；因为希望，让人们有了战胜困苦和磨难的勇气；因为希望，让人们有了人生的目标和前进的方向；因为希望，给自己的生活和生命创造了机会，并让自己在希望中得以努力和成长。正是希望，让很多人精神焕发，让很多人如痴如狂。

也是因为希望，会让人产生无休止的欲望，当某一个希望破灭时，便对生活鄙视、无奈，认为生活是欺骗，认为生活埋没了谁。其实，若换个角度，少一些牢骚，少一些抱怨，让我们用一种欣赏的眼光去对待生活中的磨难和坎坷，何尝不是一种温馨、一种甜美和一种幸福？

大浪淘沙，成就的永远是金子，而关键是，沙子才是大多数。作为平凡人该如何面对自己未来的生活，一个人如果能够坚强地面对自己的失落，并能正确地思考自己的人生，就足以证明他的心胸和气度与众不同，那他的失败要比那些成功更难能可贵，这也给他未来的生活增添了更多的希望。

横看成岭侧成峰，满目风光各不同。让我们展开生活的画卷，去欣赏每一幅生活百态带给我们的快乐。让我们站在人生的舞台上，去扮演好自己的每一个角色，当生命的话剧落幕时，我们将用感恩的心说一声："欣赏生命，终生无悔！"

学会欣赏季节的不同

人生的潮起潮落、荣辱沉浮都是一种风景。

春荣秋枯，花开花谢，季节，原本就是一场轮回。春耕秋收，夏耘冬藏，每个季节都有着自己与众不同的美丽。我们往往因为内心的烦恼而麻木，漠视季节的轮回，用痛苦来走过人生，从而错失了人间许多美好的风景。

有过一次不顺，就认为自己的一生都不会顺利；有过一次坎坷，就认为是上苍对自己不公平；因为一件事情，就怀疑整个社会，怀疑命运，质疑生命，否定友谊，以自己偏执的、不正确的人生理念偷换人生真实的意义，用自己的谬论来解释生命的不同。

其实，人生的潮起潮落、荣辱沉浮都是一种风景。不要一意孤行，执意不改，认定社会不公平，认定世间没有温暖，认定生活没有希望。当你把生命交付给烦恼时，你就错失了许多怡人的风景，错失了许多来到眼前的机会。

“春有百花秋有月，夏有凉风冬有雪，若无闲事挂心头，便是人间好时节。”每个季节都是好风景，每个日子都有好机会，思想站得高一些，心量放得宽一些，学会欣赏季节的不同，把握岁月赠予的美好，生活才会像四季一样缤纷绚烂。

假如快乐是一种承诺

人的一生最不能背叛的就是对生命的承诺。

世事的纷繁，生活的劳碌，让很多人忘记了自己对生命的承诺。但是，一生最不能背叛的就是对生命的承诺。

很多人总是不相信命运是好的，不相信快乐是自己掌握的，认为快乐很宽泛，其实快乐很真实，快乐是对生命的一种承诺，是对生命的一种宣言。

快乐来自于我们自己的心灵。快乐不是那贪得无厌的一沓沓钞票，不是那充满物欲的一件件华裳，更不是炙手可热的地位、腰缠万贯的财富。快乐是一种包容、一份释然、一种美丽的心境。快乐是融入在平淡生活中的一次感动，是喧嚣世界中的一份恬静，是面对成败得失的一种淡然，是努力奋斗的一种充实。假如快乐是一种承诺，那么就让它承诺到底，把这种承诺落实到人生的每一天。

看一眼良心的自然风光

我们要用心保护的不是自己的名声、地位、财富，要时时刻刻、谨小慎微地保护的是自己的三分心田。

修行，并不是要达到一种多高的境界，不是为了知道生死、看到未来。修行实际上就是看到自性的本来面目，看到良心的那道自然风光。

要猜透上苍的意思，我们要用心保护的不是自己的名声、地位、财富，要时时刻刻、谨小慎微地保护的是自己的三分心田。修行就是保护好自己的良知，不要流于世俗，不要被名利所迷惑，不要脱离良心和道德的底线。要多考虑大众，多考虑他人，用加法爱人，用减法怨恨，用乘法感恩。

人之初，性本善。善是美丽的，是纯净的。开启我们闭锁的真心、热心和爱心，让善良在这世界变成主流。那么，不管我们的口袋多么羞涩，我们的生活多么贫穷，我们的心灵都将无比地富裕。一份昂贵的善良将永远是我们骄傲的勋章。

分享春天的温暖

学会发现，学会分享，学会温暖他人。这就是春天给我们的学问。

冰雪开化了，水活起来了，春天的脚步来了，大地开始热闹起来了，厚冻的泥土开始解冻，草地已有了隐隐的绿意。鸟儿也来凑热闹，到处寻找筑巢的材料，小动物也开始了欢跳，也会找一个好地方晒晒太阳。

“一日之计在于晨，一年之计在于春”，初春还带有丝丝凉意，但挡不住人们的热情。老人走出屋子，享受这阳光的温暖；孩子们借着春风让风筝飞得老高老高……田地里到处是忙碌耕耘的身影，还有河对岸上了绿的杨柳，这就是春天来了的温暖吧。分享春带来的欢笑，感受春带来的快乐，春的脚步不停地走着，带着草地的新绿、枝头的新芽、北归的大雁、燕子的春泥，由南向北不断地撒向大地。

经过一冬的沉睡，种子被春唤醒，在松软的泥土中不断吸收着营养，慢慢张开了自己的身体，根深深地扎入泥土，枝芽努力地掀开土地，标志着新生命的诞生。这顽强的新生，给我们以坚强不息的启示，演示着生活的必需，这就是春天给我们的一种学问——学会发现，学会分享，学会温暖他人。

人生最好的朋友是阳光的心态

人生像是一本书，翻得不经意会错过美丽，读得太认真又会流干眼泪。

人生如戏，戏如人生。智慧的人，在如人生的戏里品味生命的真谛、勘破人世的纷扰；愚痴的人，在如戏的人生里颠倒梦想、盲目追求。人生像是一本书，翻得不经意会错过美丽，读得太认真又会流干眼泪。

人生会遭遇什么人不重要，会有怎样的境遇也不重要，人生最重要的是自己以什么样的心态来面对。健康而阳光的心态是人生最好的朋友，这样的心态是一种巨大的力量，能让我们始终以坚强乐观、豁达大度去迎接所有的悲与喜、成与败。哪怕一生都平凡而渺小，我们依然可以做一朵开在阳光里的花，衔雨露，沐春风，开无声，谢无语。哪怕生命短暂而卑微，我们一样可以用灿烂的笑容迎向那明媚的阳光，因为，阳光永远在我们的心中。

交给时间一份幸福的答卷

生活就是一个球，看到了正面，就看不到背面。生活的真谛在于理解，生活的诀窍在于明智。

人生在世，短短数十载，当回首往事的时候，是否能不因虚度年华而悔恨，不因碌碌无为而羞愧，如果你还不能把握，就努力让自己交给时间一份幸福的答卷。

我们需要智慧，需要正确认识自己，守住自己内心的底线。别人的生活和外面的世界，即便精彩也会有无奈的时候。生活就是一个球，看到了这面，就看不到背面。学会顺其自然，珍惜身边的人和物，活一回不图虚荣的人生。

平淡是生活永恒的主题。生活的真谛在于理解，生活的诀窍在于明智。凡事多往好处想，踏踏实实地工作，勤勤恳恳地努力，做好自己的本职工作，不在乎别人的冷嘲热讽，学会简单地生活。别在乎是否能收获什么，只要我们努力地耕耘过，就已经是交给了时间一份幸福的答卷。

还生命恬淡的自由

拥有一颗自然、淡泊的心灵，就可以在纷繁的人世中笑看云卷云舒，欣闻风声雨落，乐观人间悲欢。

回首曾经的岁月，我们的生活总会经历一些磨炼，品尝一些变迁，纠缠一些恩怨，体味一些辛酸……当我们饱经了岁月的磨砺、世事的沧桑、人间的冷暖，便对生命有了深刻的感悟。

采菊东篱下，悠然见南山。生活在凡尘俗世，我们没有必要追逐那些功名利禄，也没有必要计较那些荣辱得失，吃了很多苦，受了很多累，到头还是一个空，带不走半片云彩。省去那些不必要的思索，摒弃那些浓烈的情感，摆脱那些世事烦琐的拖累，淡去那些无谓的妄想，让我们在一种简约和质朴中生活，让我们的情感融于自然，让我们的心思凝结成一片悠然的心志，似镜花水月般空灵寂静，如月映万川般透彻明朗。

当世俗名利夹杂而来、欲望充斥整个生活、冲突在空气中弥漫着怨愤的气息时，不必去刻意躲避什么，也不必去强求什么，只要保持住自己那颗宁静圣洁的心，就能做到“出淤泥而不染”，悠然自得地去走自己的人生旅程。

生活需要享受，不仅享受生活中的所有，更要从繁杂的事务中，用心灵品出恬淡、品出宁静、品出悠闲。还生命以恬淡，还心灵以自由，就可以面对世俗的生活宠辱不惊，就可以拥有一颗自然、淡泊的心灵，就可以在纷繁的人世中笑看云卷云舒，欣闻风声雨落，乐观人间悲欢。

用生命去体现生命

人间只有生没有死，只有喜没有忧，也就没有真正意义上的生死和悲喜了，那才是真正的没有意义。

生命是脆弱的，像雪花一样随时可以消逝；生命是顽强的，像野草一样，“野火烧不尽，春风吹又生”。生命有两重性：从生物角度看，生命对所有物种都是相同的，最终会回归大自然的怀抱；从生命的意义来说，生命与生活密不可分，生命有平淡与辉煌，有恩与怨的纠葛，有爱与恨的羁绊。

这样，生命便有了各种色彩，也给了生活各种思考。在生活中思考生命，人生是那么精彩，可爱与可笑究竟不同在哪儿？天真和幼稚区别何处？是地点不同，还是时间、人物、心境不同？生命的意义不在于活得长、活得久，而是活得精彩、活得充实、活得有价值，在于奉献。奉献是不计报酬的给予，是“有一分热放一分光”，是“我为人人”。奉献付出的是青春，是汗水，是热情，是一种无私的爱心，甚至是无价的生命。奉献者收获的是一种幸福，一种崇高的情感，是他人的尊敬与爱戴，是自己生命的延长。

生命是一个过程，是一种体验，也许我们前世修炼了上千年才能来人世间走一回，花开花谢，春去春回，没有谁会因为自己停留的短暂而拒绝活着。自然定律必定有其道理，万物都是阴阳交替生生不息的。有生就有死，有喜就有忧。如果人间只有生没有死，只有喜没有忧，也就没有真正意义上的生死和悲喜了，那才是真正的没有意义。

生命是短暂的，可没有意义的生命却是漫长而可怕的，只有用生命去体现生命，才能感受到生命的价值、生命的可贵、生命的伟大！

一年一度梅花舞

我们无法揽住流云，无法留住落花，无法截住时光，但是我们永远要相信春天，相信希望。

雪虐风号愈凛然，
花中气节最高坚。
过时自会飘零去，
耻向东君更乞怜。

——陆游《梅花绝句》

在风的怒号、雪的飞舞中，梅花凛然而开。但是，当百花吐蕊时，它却静静地走向凋零，满天纷飞的花瓣是它最后绝美的生命之舞——义无反顾、无怨无悔。

寒风中盛开，春风中凋谢，它用自己的坚强告诉人们，一切困难都可以超越。虽然最坚强，是花儿最终也还是零落成泥碾作尘，但是，它在生命的最后，用自己飘舞的身姿给人们带来了春的信息。这样的纷飞，是一种壮烈，总归一种壮美。

红尘中，潮起潮落的情感，悲悲喜喜的生活，有谁人不经历，又何须去当真。有些时候不要以为失去就是失败，多少笑容的背后都是沧桑与无奈，多少辉煌的前期都是艰辛与曲折。生命如花，有开有谢，我们无法揽住流云，无法留住落花，无法截住时光，但是我们永远要相信春天，相信希望。

生命也许很短暂

勤奋可以加宽生命，宽容可以加宽生命，善良可以加宽生命，奉献和笑容都可以让你的生命不再短暂。

生命是宝贵的，时间是生命存在的价值，在这贵如黄金的短暂时间内，我们不妨将生命加宽，让生命更丰富多彩。

用勤奋将生命加宽。“发白才知智叟呆，埋头苦干向未来。勤能补拙是良训，一分辛苦一分才。”世界上没有笨的人，只有不勤奋的人。大凡有作为的人，无一不与勤奋有着难解难分的渊源。勤奋不是天生就有的，而是后天自己养成的。让自己心怀抱负和信念，哪怕人生路途上风雨交加，也要勤于工作，下定决心后坚持不懈。如果说梦想是成功的起跑线，决心是起步时的枪声，那么勤奋则如起跑者全力的奔驰，唯有坚持到最后一秒的，方能获得成功的锦标。天道酬勤，勤奋终能越过暂时的失败和挫折，收获成功的甜美果实。

用宽容将生命加宽。有得有失，才是人生。生活中难免与别人产生摩擦、误会，甚至仇恨，这时别忘了在自己心里装满宽容。因为宽容是温暖明亮的阳光，可以融化人内心的冰雪，让这个世界充满浓浓暖意；宽容是甘甜柔软的春雨，可以滋润人内心的枯寂，给这个世界带来勃勃生机；宽容是人性中最美丽的花朵，可以慰藉人内心的不平，给这个世界带来幸福和希望。忘掉仇恨，远离仇恨，用一颗宽容的心去宽容一切，人间就会多一分理解，多一分真善，多一分珍重与美好，生活中的酸甜苦辣也将化作五彩的乐章。学会宽容，乐于赏识和赞美他人，让心灵慢慢趋向平静，从容愉快地面对人生，生活会变得更温馨更美好。

用善良将生命加宽。善良的行为让灵魂变得高尚、厚重。“风送花香红满地，雨滋春树碧连天。”是的，世界很美，不仅是因为有春的烟波画船、夏的朝云暮卷、秋的云霞绚烂、冬的冰肌玉骨，更是因为有善良的滋润，有关爱的呵护，有理解的支撑，有祝福的陪伴。播种善良，才能收藏希望。一个人可以没有让旁人惊羡的姿容，也可以忍受“缺金少银”的日子，但离开了善良，却足以让人生搁浅和褪色——因为善良是生命的黄金。善良是一种高贵的品质、崇高的境界，是精神的成熟、心灵的丰盈。

用奉献将生命加宽。捧着一颗心来，不带半棵草去。一个人的价值不在于他有多少财产，而在于他为社会、为他人做出多少贡献，腰缠万贯不会使你名垂青史，唯有奉献能让你万古流芳。学会用这份爱感染身边的每一个人。那是种无声的表达，犹如花香，丝丝缕缕，沁透人的心脾。奉献者收获的是一种幸福、一种崇高的情感，是他人的尊敬与爱戴，是自己生命的延长。

用笑容将生命加宽。“风力掀天浪打头，只须一笑不须愁。”人的一生总会经历顺境与逆境、快乐与伤悲、理想与现实，但乌云后面依然是灿烂的晴天。落在瓦砾中的种子总会明白，悲观和叹气只是白费力气，只有乐观面对阻力，才能磨炼自己成长得更加茁壮。一个人如能让自己经常维持像孩子一般纯洁的心灵，用乐观的心情做事，用善良的心肠待人，光明坦白，他的人生一定比别人快乐得多。就让我们用开心灿烂的笑容简简单单地走好每一天。

惜时的人生才是大写的人生，只有这样的人生才能留给后人永远也抹不去的痕迹。时间是最公允的法官，留给我们每个人的生命是相同的。那就让我们为自己的时光增加砝码，增加厚度，珍爱时间，珍爱生命，让时间延长，让生命因宽阔、厚重而增值。

热爱生命吧

花开不是为了凋谢，而是为了结果，结果也不是为了终结，而是重生。

生命如同寓言，其价值不在长短，而在内容。

生命有时就像一只精致的玻璃酒杯，经不起天灾人祸的撞击，粉碎成一地的璀璨，每一片都是透明的；生命也像美丽的鲜花，经不起风霜雨雪的摧残，凋落成满地的娇艳，每一片都是热烈的。当你正在呼吸，当你正在心跳时，请记住，生命是宝贵的，一旦失去，还能有什么意义呢。

热爱生命吧，用健康而珍惜的目光善待自己的生命，用热情去维护、浇灌自己的生命之花，不因小小的不如意而漠视生命的珍贵，更不能轻言放弃生命的脉搏。只有让生命焕发光彩，方不辱没生命的意义。

生命是由铁到钢的锻造过程，怀揣着喜怒哀乐、阴晴圆缺、笑傲风霜雨雪的积极态度面对生活所赐予的一切，才能唱出生命的神曲。因为真正的才华如火焰般难以收藏，迟早会燎原。是金子总会发光，但前提是要让自己变成金子，当麻烦来找你的时候，就要毫不退缩地应付它；如若不是，就任由它沉睡，千万不要自寻烦恼，生命会因为不屈而可贵。小草生长在贫瘠的土地，显出它生命的不屈服；苍松矗立于绝壁之上，显出它生命的昂首挺胸；骆驼奔走于沙漠之中，显出它生命的忍耐与坚强。不要去想是否能够成功，既然选择了远方，便只顾风雨兼程；不要去想身后会不会袭来寒风冷雨，既然目标是地平线，留给世界的只能是背影；不要去想未来是平坦还是泥泞，只要热爱生命，一切都在预料之中。

掬一捧清水，品味生命漫溯；拾一粒卵石，抚触时间脉络。花开不是为了凋谢，而是为了结果，结果也不是为了终结，而是重生。追寻你的梦想，去你想去的地方，做你想做的事。热爱生命吧，因为生命只有一次。

生命就是火焰

人不是因为年龄增长而变老，人是由于抛弃了理想而变老。

理想，是一串跳动的音符，奏响了我们心中青春的乐章；理想，是一束心灵的阳光，点燃了我们胸膛里的火焰。人不是因为年龄增长而变老，人是由于抛弃了理想而变老。岁月使皮肤发皱，而失去对生活的热情却会让灵魂出现皱纹。

世界上总有人抛弃理想，理想却从来不抛弃任何人。给绝境中的人新生，理想是还魂的仙草；唤浪子回头，理想是慈爱的母亲。生命因理想而宽广，因理想而嘹亮，因理想而阳光。

能真正被称为理想的理想，总是带有善良的本质。理想可以很平凡，但只要它是一种奉献，它就是生活的太阳，它就是生命的火焰，传播心灵的温暖，绽放生命的灿烂。

信仰的背后有座青山

信仰最根本的意义就是能够赋予短暂人生以永恒的意义。

“生无信仰心，恒被他笑具。”如果没有信仰的心，就会被他人所笑话。一个人如果没有信仰，那么他一定是一个不太成功的人。信仰是什么？信仰，也作仰信，信心瞻仰之意。梵语中又作信心、信解。

信仰，是指人们对某种理论、学说、观点、主义的信服和尊崇，并把它奉为自己的行为准则和活动指南，它是一个人做什么和不做什么的根本准则和态度，更是一个人世界观的具体体现。信仰就是人们对未来世界正确的意识，道德就是在信仰的支配下正确的行为。信仰体现着人生价值的可靠落实，其最根本的意义就是能够赋予短暂人生以永恒的意义。也就是说，人生价值的实现是建立在信仰的基础之上的。

信仰就是贯穿在人的世界观之中的一种意识规范。信仰也包含着信仰者对未来美好理想的追求。有信仰与没有信仰是不一样的，信仰的有无，在很大程度上决定着一个人发展的可能性。没有信仰的人，会失去把握自身命运的力量，其发展的可能性会大大减低。有信仰的人，会为自己的信仰调动自身的一切力量，集中到既定的目标上，其知识、能力、内心世界都会得到充实和提高，从而推动个人及社会的发展。在生活中，能够激发灵魂的高贵与伟大的，只有虔诚的信仰。在最危险的情形下，是最虔诚的信仰支撑着我们；在最严重的困难面前，也是虔诚的信仰帮助我们获得胜利。

青山不老，绿水长流。信仰的背后是青山，是磐石，是对生命的忠诚，是对生活的希望。不论你信仰什么，信仰都是你坚强生活的后盾，是你开天辟地的锋利之斧。一个人有了信仰，那么他便有了目标，有了希望，有了精彩的人生。

唱首快乐歌，让心不复杂

满足不在于多加燃料，而在于减少火气和暴躁；财富不在于积累，而在于减少欲望。

“向快乐出发，世界那么大。任风吹雨打，梦总会到达。”一首普通的歌曲唱出了我们的心声。生命的道路曲曲折折，一路上有鲜花、有荆棘，但是无论什么样的艰难险阻，都不应该是我们退缩逃避的理由。因为挫折是成功的先导，让我们学会微笑，向快乐出发，快乐的背后蕴涵的是坚强，是无可比拟的力量。

用微笑的态度处世，用快乐的心情生活。当我们遇到坎坷、挫折时，不悲观失望，不长吁短叹，不停滞不前，把它作为人生中的一次历练，把它看成是一种人生成长中的常态，这样我们才能更好地谱写出自己的人生精彩。

境由心生，境随心转。看不开，想不透，做不到，是我们的通病。我们容易将别人的事看得如水中倒影般清澈，而一旦涉及自己，就会有老眼昏花之态。其实只要能活着看到日月星辰，又何必烦恼呢？快乐是我们自己的事情，只要愿意，我们随时可以调换手中的遥控器，将心灵的视窗调整到快乐频道。

只要我们放下贪欲，少些索求，在平实简朴的生活中不挑剔，就是获得快乐的最简单方法。因为满足不在于多加燃料，而在于减少火气和暴躁；财富不在于积累，而在于减少欲望。人生很难完美，不能容忍人生的不完美，就会给自己的人生带来无穷的痛苦和烦恼。

向快乐出发，无论我们的命运是痛苦还是愉快，都是上苍赐予我们最珍贵的财富，让我们学会接受，学会包容，学会关爱，学会珍惜，学会豁达，知足于恬淡的生活，让心灵有一种内在极致的朴素美，我们的人生就会更加光彩照人。

心态是真正的主人

我们也许不能拥有最完美的环境，但我们可以给自己最美好的心境。幸与不幸都是人生的财富，拥有一颗美好心灵的人生就是完整的人生。

时光如朝露，繁华似流水。红尘的喧嚣迷乱，世事的纷繁芜杂，物欲的恣意横流，人情的冷暖炎凉，让我们步履匆匆，流云遮眼，心浮气躁。不知何时起，我们的心已被蒙上了厚厚的灰尘，失去了最初的光洁柔软。我们总在远方努力地追逐那不可预知的未来，却忽略了握在手心里的幸福。我们不再用心聆听心灵的弦音，不再细细触摸生命的脉动，我们对那些平凡的悲喜视而不见，感动如沙粒般在我们指间悄然滑落。

当时光的沙漠风干了泪水，岁月的霜雪斑驳了心灵，我们便无法情随心动。我们总在抱怨这世间美好的事物越来越少，蓦然回首，已无迹可寻，只有满目荒凉，满心沧桑。

人活着总会被现实生活中太多的烦恼所束缚，有时候真想逃离红尘的喧嚣去寻觅一片清净无染的灵山净地，然而灵山并不在十万八千里外的西方，它只在我们的三寸心田里。我们并不是要去哪里寻觅那方净土，我们是要渐渐地学会在生活中寻觅属于自己的宁静和快乐。

用心经营我们的心灵世界，这是我们生活理想和人生演绎的地方，也许人生会有许多不能到达的风景，会有无数不能抒发的美好，我们也许不能拥有最完美的环境，但我们可以给自己最美好的心境。

调整好自己的心态，需要保持一颗平常心。平常心就是一种不以物喜、不以己悲、不为人为因素所左右、不为外部环境所干扰的健康心态，有物外的超脱，有自我的超越，有逆境不惧的果敢，有吃亏不计的善良，有为善不居的自律，有冤屈不辩的容忍，等等。

在很多事情上我们很难做到保持一颗平常心，浮华的宠辱、利害的得失使我们很容易产生千般思量万般妄想，人生的意义停留在生命的表层，丧失了平常心，也就迷失了自己，一味贪求，终其一生难解生命的真谛，直到化为一缕青烟，很快被世人忘记。学会万事随缘，随遇而安，随喜而作，随善而行，才能得大自在，才会有真正的轻松快乐。

人活着不能活得太清醒，要难得糊涂，松弛有度，收放自如，顺其自然，不是自己的东西，不要去强求，不该坚持的时候，不要太过执着。在悠悠岁月中，我们都是匆匆过客，我们只有从容走过，无须彷徨，无须犹豫，无须茫然，人活着就应坦然、欣慰地用微笑面对人生的一切如意或不如意。

生命中，总有一些经历让我们感怀，它们时而飞舞在回忆的枝头，时而又如琥珀般凝结成岁月的标签。也许我们这一生会经历许多的艰辛和坎坷，会遭遇不少的磨难和挫折，但是人生并不会因此而暗淡，任何艰难险阻，都只是一场跋涉，任何挫折失败，都只是一次历练，幸与不幸都是人生的财富，拥有一颗美好心灵的人生就是完整的人生。

灵山拈花迦叶一笑，心与灵山咫尺之遥。时光轻轻滑落，脉脉温润心田，让心灵的纯净自由流淌在生命的清音里，如皎月下的露珠，似晨曦中初绽的霞光。让我们用祝福代替诅咒，用包容代替自负，用微笑代替冷漠，用坚强代替懦弱，用谨慎代替浮躁，用感恩代替抱怨，用大爱代替狭隘，用坚定执着的步伐追逐心中的美丽梦想，用心怀万物的旷达笑看人间的风雨沧桑，用无畏的勇气迎接人生的迷茫彷徨。让善良重新闪烁熠熠的光芒，让爱心在血液中涓涓流淌，让快乐在喜悦的眉梢上飞扬，让友谊在醉人的笑容里飘荡，让幸福在美好的心灵里像花儿一样开放。

简简单单每一天

人生的幸福不是要，而是给；人生的成功不是敛财，而是布施；生命的丰富不是装满，而是清空。

玉兔金乌西坠，江河绿水东流。人生那得几千秋，万里山川依旧。看着日升日落，时间就这样在春夏秋冬的轮回中悄然流逝。生活对每个人都是一样，光阴在公平中流逝，社会在竞争中前进，人生在磨砺中成长。所以，困难也好，成功也好，顺利也好，挫折也好，生活不会厚此薄彼，这都是对每个人素质、能力、生命质量的一次大检验。

造物主造人时，在赋予人类成长权利的同时，也给了人类许许多多的挫折和磨难。无休止的自怨自艾只能把时间浪费，过多的惆怅会将人的毅力消磨，太多的泪水会将前途埋葬。人生就是一个不断解决各种问题、不断突破和提升自己的过程。心态很重要，一个人最难做到的就是，万事平常心。需要锻炼，需要超脱，每一次经历都是生命中的印迹，是成长，所以要感恩每一次经历。

人生有许多经验和感悟，是必须从经历中得来的。尽管种种的书本和过来人的说教都会谆谆地告诉我们生活的真谛，但是，入得了耳却入不了心，真正能教导我们的，唯有自己的经历、自身的体验。经历了才是真实的，体验了才是自己的。尽最大努力去做好应该做的事，所有的输和赢都是人生经历的偶然和必然。学会享受过程，人生的关键在于：只要你做了，输和赢都很精彩。

阅历的积淀总无法掩盖岁月的侵蚀和砥砺，那眼角的皱纹、身上的疤痕、手心的老茧，都如古树的年轮，记载着走过的雨雪风霜。也正是经历了生命的悲喜，体验了人生的冷暖后，我们才渐渐变得成熟、变得睿智。当我们成长后，就会将端了一辈子的东西放下，将蒙了一辈子的遮羞布撕去。我们也真正地明白，人生的幸福不是要，而是给；人生的成功不是敛财，而是布施；生命的丰富不是装满，而是清空。

人们往往太在意别人如何看待自己，自己的心情总是被他人的眼神、外界的阴晴左右。不要害怕做错什么，即使错了，也不必懊恼，人生就是在对对错错中走过，何况有许多事，回头看来，对错已经无所谓了。这世上，有时笑笑人家，有时让别人笑笑自己，放轻松，给自己快乐，也给别人快乐。

花自飘零水自流，一抹微笑了清愁。以眼看世界，世界是很小的；以心看世界，世界会无限大。有些人，有些事，只有用心去体味，才能了解得更真实。在成长的过程中的我们，少不了磕磕绊绊、风风雨雨。可是人生路上，总会有盏心灵的明灯照耀我们，一步步前进。人生最好的导师是良心，最好的财富是磨难，最好的品质是宽容，宽容别人是大度，宽容自己是豁达。一个人的生活其实就是一种心情，知足常乐，能忍自安，平淡生活，与世无争，与人无争，做一个简单的人，踏实而务实地过好每一天。

第二章

不问沉浮心

人间春复秋 叶叶都从容

生命总以旧的终结和新的萌生来昭示它永恒的魅力。我们该做的，是好好把握今天，让生命中的美好从此别再错过！

心清水现月，意定天无云。青山遮不住，毕竟东流去。我们生活在人世间，就要学会豁达，学会洒脱，学会开心，看人间花开，赏天高云淡。

流逝的岁月，曾经的过往，让我们渐渐懂得：对于一些无法放下的人和事，我们必须要学会坦然，学会释怀。人生之路毕竟还很长，我们该做的，是好好把握今天，让生命中的美好，从此别再错过！

朝阳有朝阳的美丽，晚霞有晚霞的风采，正午的太阳也有火辣辣的灼热和不适，因此，面对已流逝的岁月，我们不要无谓地感叹，而应当怀揣明媚的希望，即使地老天荒，即使风烛残年，我们总能看到生命的延续，总能看到明天的太阳照样灿烂升起。

生命，不是活给别人看的，它是一朵花，静静地开，悄悄地落，有阳光和水分就能按照自己的方式生长。我们的十指应该平平整整地伸直，决不能像葡萄藤那样为了攀升而一个劲儿地卷曲。

生命总以旧的终结和新的萌生来昭示它永恒的魅力，因而我们不必过分感叹岁月的流逝、年华的易变，因为时间最美妙的乐章是现在。把握现在，使现在过得充实快乐，才是生命的原本意义，能够给他人给自己带来快乐和利益的人生才是最有价值的人生。

生活里，同样的事情如果我们换一种眼光来看待，也许悲也是喜，苦也是乐。快乐和幸福是自己争取的，并不会无缘无故从天而降，只要自己坦然地面对生活，生活之路才有可能越走越宽，珍惜身边的人，才会让身边的人也越来越珍惜自己。

世界是美丽的，生活是多彩的，我们要学会用善意的眼光去看待这个世界，看待我们身边的每一个人。多看世间阳光的一面，多看他人的优点，用他人的优点来弥补自身的不足，让一切美的东西充满自己的世界，才能让自己的世界充满微笑，才能让自己的生活多姿多彩。让我们生活在这美丽的世界，去收获快乐，去播撒快乐，保持一种从容，信守一份豁达，赏人间花开花谢，睹流云聚散离合。

仇恨是一个无知的牢笼

上天制造苦难，就是为了唤醒人们对幸福的知觉。

日月交替，物换星移，人生苦短，岁月无期。匆匆中流失着时间，消逝着生命。在人生的舞台上，有多少成功与失败已成为历史和记忆，又有多少荣耀与耻辱淡化为云烟和尘埃。也许命运的无常、人生的危机，甚至灾难性体验会摧毁人类最基本的同情和怜悯，但是，无论遭遇怎样的打击，都不要燃起仇恨的火苗，仇恨会扭曲我们的心灵、丑陋我们的容颜。

仇恨是一张无形的大网，它会把我们囚禁在烦恼的暗室中，并把许多的快乐拒绝在门外；仇恨是一片懦弱的树叶，它会遮住我们的双眼，让我们看不到世界的美好，并让我们迷失生命的方向；仇恨是一团低沉的乌云，它会让我们的心灵缺乏阳光的照耀，这团乌云的阴霾会扭曲人性，会让我们丧失本有的善良、同情和友爱。

仇恨是一摊泥泞的沼泽，它会让我们的生活一直在烦恼中纠缠不休，如果没有及时阻止仇恨的蔓延，我们将最终被仇恨淹没；仇恨是一把锋利的双刃剑，在刺伤他人的同时也把自己伤得不浅，仇恨如果被积累，会替代人的理性而给世界带来巨大的杀伤力，但是首当其冲的却是我们自己。

仇恨是一团燃烧的烈焰，它能焚毁成片的森林；仇恨是一场瓢泼的大雨，它能淹没万顷的良田；仇恨是快乐的公敌，它让我们失去迷人的笑颜；仇恨是生活的牢笼，它让我们成为烦恼的阶下囚。

平日里生活的点点滴滴，或许正酝酿着一瓶酒性干烈的老窖，或许正进行着一次无关紧要的争吵。当我们一不留神被仇恨拥抱时，要非常警醒，一定不要总被它黏糊着，因为这些不起眼的细枝末节有可能会吞噬我们大量的快乐并污染我们的心灵。

如果我们和仇恨不期而遇，一定要速战速决，尽快地放下仇恨。放下仇恨，需要我们学会把心胸放宽，战胜自己的偏执和狭隘，告诉自己别和自己过不去，别为一个小小的职位、一份微薄的报酬，甚至是他人一些闲言碎语、一个不屑的眼神而怒发冲冠，要以平静淡泊的心态去面对种种荣辱得失和恩怨情仇。

请不要把仇恨的本质归于他人的伤害，归于社会的不公，归于生活的艰辛，归于工作的压力，仇恨不是来自任何人或事，或是环境等一切外在因素，事实上，我们找不到任何一个仇恨的理由和仇恨的对象，仇恨的根本在我们自己。仇恨是因为我们自己把得失认得太真，把爱恨记得太深，把对错分得太清，把真假看得太明。

百年人生，谁都是过客匆匆，何苦让那些终成空幻的身外之物占据了大量的心灵空间而无端地流失了许多生命中的快乐？一切困苦和磨砺、打击和责难都只是为了让我们找回内心的爱。上天制造苦难，就是为了唤醒人们对幸福的知觉。生活中每件事的发生，都为人们提供了一个选择爱、克服畏惧的机会，而一切美好的事情，均是由于选择了爱的结果。

安禅何必须山水，不起净心火亦凉。请相信仇恨不是不治之症。如果仇恨是剧毒的鸩酒，宽容就是一服解毒的良药；仇恨是恶性的肿瘤，善良就是一剂治百病的灵丹妙方；仇恨是封住心扉的铁锁，理解和包容就是一把打开心锁的钥匙；仇恨是一块干涸的土地，友善和微笑就是一阵滋润冷漠心田的清凉的细雨。当宽容与爱充满了我们的心灵，仇恨就会落荒而去，岁月就在快乐的手中，凝成没有惆怅的纹理。

让生命学会包容

当我们总是歌颂生活时，生活也会回报给我们一个又一个像花儿一样甜美灿烂的笑容。

生活是一条路，延伸着人生的足迹和希望；生活是一杯茶，饱含着人生的清醇与忧愁；生活是一团麻，交织着人生的烦恼与快乐。

当生活中遇到了不愉快时，请不要去抱怨生活，因为抱怨好比是给生活增添了苦涩，而这种苦涩会像流行感冒一样传染给生活，生活也会因此而暗淡。抱怨无济于事，它降低了自己的人格，也给这个世界增添了污点。

与其抱怨生活，不如赞美生活。如果一切顺利，就赞美这如春天般生机勃勃、蒸蒸日上的生活，感谢上苍的眷顾，感谢朋友们的支持；如果赶上了坏运气，就赞美那连日的阴雨天气让我们学会了冷静地思索人生，从而更深一层地认识了生命，并造就了我们的坚强；如果生活平淡如水，就赞美那波澜不惊的生活中我们还拥有平安和健康这么珍贵的财富。当又一轮初升的太阳照耀着大地时，让我们用欢呼来回报吧。给我们的生活献上一枝花，用感恩的心珍惜生活、赞美生活，当我们总是歌颂生活时，生活也会回报给我们一个又一个像花儿一样甜美灿烂的笑容。

包容他人是对他人的一种尊重、一种接受、一种爱心，有时候包容更是一种巨大的力量。互相包容的家庭一定和和美美，互相包容的朋友一定风雨同舟，互相包容的世界一定和谐而美丽。

包容是一种深厚的涵养，它是一种善待生活、善待别人的境界；包容是一种情操、一种美德，是化解矛盾的法宝，是消除隔阂的良药，它不但可以改善自己与他人的关系，也给自己的心灵带来宁静与祥和；包容不是懦弱，不是胆怯，而是海纳百川的大度，是笑看风云的开怀与爽朗，包容不仅给了他人一个宽广的世界，也给了自己一片无垠的天空。

生活的天地如此宽阔，我们没有必要在彼此摩擦中浪费时间，浪费生命。人生在世，大度一些，容别人所不能容，忍别人所不能忍，笑一笑，其实也没什么大不了。处处能容，事事看破，人生自当轻松、自在、洒脱。

天空很大，比天空还大的是人心！每一个人包容一点，大度一点，我们的生活就会更精彩、更和谐、更美好。

不问人间沉浮心

用欢喜去接受春暖花开，也要同样地用欢喜去接受风舞叶落。用智慧去生活，生活才会轻松。

人生有许多的无可奈何，有许多的不尽人意，甚至还有许多的艰辛坎坷，它不会因为我们的不肯接受就不存在，一切都是真实，只是我们不愿相信。月会缺，花会谢，人会老。活着，所谓的一帆风顺、事事如意都不过是我们心中美好的愿望罢了。不相信生活里会有艰难，不接受生命里会有阴霾，这是幼稚甚至无知的认识。

面对生活中的种种不如意，不仅需要坚强，而且需要智慧，甚至更多的是智慧。有智慧，才能正视一切困难，我们首先要明白遇到挫折坎坷就好像天会刮风下雨一样正常，因此就不会有任何的埋怨，更不会悲观，对生活失去信心，而是会以一种更积极的心态去面对、去超越。对于那些不敢面对艰难的人，那才是真正的艰难。而对于那些正视艰难、挑战艰难的人来说，艰难就是一种财富，是迈向更高人生境界的阶梯。

人生一世，草木一秋，百年时光其实并不长久，珍惜每寸光阴，不要有那么多的想不开。遇到挫折是人生的难免，受点委屈、挨点批评、担点辛苦，这些都是生活的家常便饭，不要以为这是他人和自己过不去，因此就在心里和别人产生对立，其实，一切都只是上苍给我们上的人生课。不经历这些，我们如何能学会坚强，如何学会包容、做到从容，如何能看透人生？所有或坎坷或曲折的人生旅途都是最独特、最旖旎的风景线。

很多事情，我们用智慧的眼光来看，就能看得更深更远更透。虽然我们的内心还有那么多的难以放下，也许是某件无比喜爱的物品，也许是一份难以割舍的情感，也许是那段苦苦挽留的青春岁月，也许是一块耿耿于怀的伤疤。

但是我们一定要明白并接受世事无常的现实，财富也罢，情感也罢，时光也罢，恩怨也罢，这些东西都不是永恒的，这其中没有任何一样是我们永远拥有的，可我们却总是为它们而生出种种的烦恼，或是受尽辛苦，并因此而错过许多快乐的时光。很多东西我们必须懂得放下，才能让以后的生活中依然有阳光，依然有笑声。

生活中或许有许多看不惯的人或事，但是扪心自问，不一定都是外界的原因，也许更多是自己心胸过于狭隘，眼光过于短浅，是我们自己不能包容、不能理解，所以不能忍耐。其实，这个世界上，只要是存在的，就是合理的，都有各自发生的因缘。明智一些，我们眼里有那么多的看不惯，其实是自己和自己过不去，因为这只会给他人带来烦恼，给自己带来更多的伤害。

用智慧去生活，生活才会轻松。知道有欢乐，并愉快地享受欢乐；也知道有痛苦，但不去逃避，懂得坦然面对并欣然接受，并且在痛苦中感悟人生的真谛。知道生活的美好，也明白生活的残酷，认识生活并依然热爱生活。那么，一切哀伤都变得轻盈，变得可以承受；一切平凡都变得美好，变得让人感动。

用欢喜去接受春暖花开，也要同样地用欢喜去接受风舞叶落。人生里的酸甜苦辣，就像是厨房里做出的菜肴，用一颗淡然从容的心来品尝，就会品得有滋有味，因为这都是人生的滋味，缺了哪样都是遗憾。

历史就是延长的天空

亘古流淌的不是英雄的轰轰烈烈，而是平常百姓的平淡生活。

逝水有声，岁月无痕。岁月的流沙湮没了历史、湮没了古人、湮没了千年风华，寂寞的光阴默默地行走、默默地流淌、默默地传承神话。

穿越历史的烟尘，俯瞰千年的沧桑，多少英雄豪杰雨打风吹去，多少风流人物浪花淘尽了，多少丰功伟业皆随流云而逝，多少锦绣繁华皆成三月杨花。每段历史有每段历史的传奇，每个时代有每个时代的潇洒，在岁月的长河里，风云变幻的段段历史只是偶尔翻腾的浪花，亘古流淌的不是英雄的轰轰烈烈，而是平常百姓的平淡生活，因此，最长久的还是平凡百姓寻常人家。

没有多少财富可以代代相传，没有哪种山盟海誓可以地久天长，也没有多少权势可以自如收放。世界上最永恒的幸福就是平凡，人生中最真实的拥有就是珍惜，岁月里最成功的生活就是开心每一天。

时光是生命的接力，历史就是岁月不断延伸的天空，在生命的历程里，能够传承千年的是每个人内心深处那份人性的善良，能够生生不息的是人间的无疆大爱，能够岁岁荣发的是生命中不灭的希望，这些才是永远都闪耀在历史天空中不落的星辰。

活一份生活的简约

真正决定你快乐与否的只是你自己，自己的胸怀，自己的豁达。

勤奋和快乐是生命追求的永恒主题，每个人都渴望能够更多地拥有快乐。然而，有些人却活得很累，快乐不起来，他们常常怨天尤人，怪上天不偏爱自己，怪命运多舛，抱怨事业不顺、家庭不和……其实这些都不是影响快乐心情的决定因素，真正决定你快乐与否的只是你自己，自己的胸怀，自己的豁达。

快乐其实是一种心境，一种精神状态。生活中的无奈和烦恼总会悄无声息地跟随着我们，既然我们不能改变生活本身，那么我们可以改变心情。调整好我们的心情，重新审视身边的人、周遭的风景，换个角度看问题，你会得到意想不到的收获和惊喜。

快乐是一本能够让你汲取有益的养分、修补无意伤痕的书，是一首清新雅致的诗，是一首婉转动听的歌，是一幅令人心旷神怡的画，时刻能让人感受到清新的惬意。只要能正确地审视人生，正视自我，在困难面前不低头，在失败面前不言败，在成功面前仍以平常心自居，快乐就会如影随形，像空气一样融在我们周围。

很多时候，我们不快乐，是因为我们总是对自己的拥有不满意。快乐其实很简单，它就在我们身边，只是我们缺少善于发现快乐的眼睛。快乐无处不在，只要我们用心去寻找。大胆地用不同的形式使自己快乐，不让心累，就可以活出风姿，活出精彩。

每个人都有人生的低谷和烦恼，只要我们用好的心态去从容面对，做到随遇而安，知足而常乐，无论生活给予我们什么，我们都热爱生活，不被生活中的烦恼所束缚，那么快乐就会与你永生常伴。

让我们向快乐出发，享受简单的生活，用微笑面对人生。

为了那些告别的过去

在这个世界上没有什么可以是永恒的，无论成功还是失败，都只是个新的开始。

流光是一首明媚的歌，总会被匆匆的流年吟唱，低回婉转，几多悠扬。光阴的褶皱里沉睡着无尽的过往，或欢愉，或悲伤，或郁闷，或惆怅。

不幸的人才要更坚强，可悲的是成功竟也能算作一种不幸。不要总是沉湎于昨天，无论你曾经拥有辉煌的成功还是失败的过往，以一颗乐观的心迎接新的一天吧。其实，在这个世界上没有什么可以是永恒的，除了死亡。无论成功还是失败，都只是新的开始，关键看你是否能够尽快适应。

人生有太多的故事令人唏嘘，童话已经结束，遗忘就是幸福。伤感过去或担忧未来，都会辜负眼下的良辰美景。即便眼前的光阴被疲倦所侵袭，凭空再用愁绪添堵又何异于雪上加霜？为自己的心灵引进阳光吧，告别过去，遥望远方。

学会遗忘

如果不快乐了，请一定要学会遗忘。

如果不快乐了，千万不要认为是谁惹着自己了，花费时间和精力向外去寻找不快乐的原因，我们只会更不快乐。到自己的内心去找原因，病根一定在我们自身：狭隘、嫉妒、无知、愚痴……不懂得包涵，不懂得宽容，不懂得理解和尊重，更不懂得爱护他人，那么这样的人必定是不断地伤害他人，却还在内心里委屈郁闷，觉得是所有的人对不起自己。当然，他真正伤害的还是自己。

如果不快乐了，请一定要学会遗忘。人之所以会烦恼，就是记性太好，更糟糕的是记得最多的往往是他人如何伤害自己了，自己何时吃亏了，某人对自己说过不中听的话了……每时每刻，满心里装的都是这些长着刺的草，如何还能找到存放快乐的空间和时间？

如果不快乐了，反省一下自己，是不是我们追求得太多了。对生活索求太多、对他人计较太多，才会遭遇烦闷，才会患得患失。当心底的欲望像爬山虎一样疯长时，那颗日日疲于应对的心，又上哪里能找寻到快乐的踪迹？敢于坚持是一种勇气，勇于放弃何尝不是一种大气？放下那些无谓的追求，放下那些让自己身心疲惫不堪的对错得失，放下那些无聊的恩怨是非，放下那些对名利的执着，当我们的心渐渐地像蓝天一样纯净而宽广时，快乐的花朵就会如“千树万树梨花开”一样，静悄悄地在我们的心里次第绽放。

不远的快乐

容易发怒，是品格上最为显著的弱点。

不要以为快乐有多遥远，快乐就在我们的伸手之处。平日里和邻里的摩擦，和同事的斗嘴，和父母的顶撞，这些不外乎因一些小事，却被自己所谓的个性刻意地放大了。面对这些导火线，只要豁达一些，大度一些，就不会发生不必要的争斗。如果导火线已经点燃了的话，那么就用自己的理智平抑涌动的怒潮，熄灭嗔恨的火花。

容易发怒，是品格上最为显著的弱点，所以在每次想要勃然暴跳的时候，尽量让自己保持心平气和，如果对他人多一些理解和包容，我们会发现让自己生气、愤怒的事情会越来越少，而心情就会保持在一种平和轻松的状态中。当生活中的不快“恰似一江春水向东流”时，我们寻寻觅觅的快乐就在蓦然回首的灯火阑珊处。

别无选择的选择

心晴的时候，雨也是晴；心雨的时候，晴也是雨。

假如成功之路曲折得都找不着道，那么低下头谨慎地走好眼前的每一步便是最佳选择；假如还是没有张望到灿烂的阳光，那么就用乐观的笑脸去把自己的心情镀亮。心晴的时候，雨也是晴；心雨的时候，晴也是雨。世界的好坏美丑其实在我们的心里，波斯菊正因天真地把每个季节都当成春天，所以才开得那样绚烂恣肆、轰轰烈烈。

漫漫人生路，原本就相伴几度风风雨雨、几多沟沟坎坎的山重水复，更伴随风雨过后天蓝蓝、水清清、月盈盈的柳暗花明。尽管生活总徘徊于希望和失望之间，但我们仍可以把快乐作为最美的选择。身处逆境也依旧乐观开朗，绽放着如花笑靥的人，才堪称命运的真正强者。

如梦人生好心情

生活如天气一样阴晴不定，可是我们的心情不能随着生活而喜怒无常。

谁能知道天何时下雨，谁会晓得何时起风，一切都不是我们所能掌握的。世事无常，人生如梦，许多事情我们很难预知，也很难改变，但是我们自己的心情可以自己做主。

当我们为生活感到疲惫不堪时，不要埋怨生活，是我们还没有学会生活。生活需要我们的包容，因为生活如天气一样阴晴不定，可是我们的心情不能随着生活而喜怒无常。生活的确很繁重，工作的确很忙碌，日子的确很枯燥，人际交往的确很复杂，这些都不是我们所能改变的，我们只能改变自己的心态。正是生活里有那么多的不如人意，我们才因此感受到努力的充实，奋斗的精彩。

告诉自己时刻保持好的心情，笑着去面对生活里的一切喜与悲、成与败，生命正因为这一路的跌宕起伏而五彩斑斓。

艰辛与坎坷，滋味在心头

苦难是一块或大或小的石头，但是它的里面蕴藏着和这石头的大小成正比的幸福。

生活是一座宝藏，透过表面的那些辛苦、琐碎，尤其那些艰辛的经历，我们能从其中发现生命真实的意义。

苦难是一块或大或小的石头，但是它的里面蕴藏着和这石头的大小成正比的幸福，就好像一块内含璞玉的石头，外表粗糙，可是它的里面藏有无比晶莹剔透的美玉。如果有足够的坚强和勇敢，我们就能从苦难中提取幸福；如果没有那种勇毅，那它就实实在在是我们前行道路上的一块挡路石。

既然如此，那坎坷对我们来说，也的确是一种幸运，在经历了一段艰难的心路历程后，我们会发现原来一切都只是一种磨炼，而自己在这种艰难的经历后收获了许多。这些往事过去后，回想起来很感慨，也会觉得很快乐、很有意义，如果过不去，那就真的是一种折磨，并且也是一种失败。

以阳光的姿态迎接春天

顺境乘风，逆境破浪，活着就要前行，这是勇敢者生存的姿态。

成功总是源于再坚持一下的努力之中，胜败的区别就在于最终是站着还是趴下。

有道是顺境乘风，逆境破浪，活着就要前行，这是勇敢者生存的姿态。要挑战强者，即使失败了你也是勇士，但不要欺负弱者。

成功最大的障碍，就在于放弃。人生如同爬阶梯，需要脚踏实地，最忌浮躁；只要肯于坚持，终必抵达山顶。有一种耕耘叫以苦为乐，有一种坚守叫隐忍不懈。优秀的心，无须华丽，但必须坚固。大海的母亲是小溪，奔腾浩瀚的前提是百折不挠。人只有坚持，才能得到别人的支持。

豁达一笑

豁达是一种坚强、一种包容，也是一种智慧。

有些生活，也许我们永远都难以习惯，但是，只要活着，这样的日子还是要一天一天过下去，所以我们必须学会克制，学会忍耐，学会接受。

如果不习惯黑夜，但黑夜每天如约而来，只要忍耐着，天就亮了；如果不习惯寒冷的冬季，但冬天还是大踏步向我们走来，只须忍耐着，春天还会远吗？能够心胸豁达，坦然地接受生活中所有的悲与喜、苦与乐，那么，这样的人是生活中真正的强者、智者。

其实，豁达是一种坚强、一种包容，也是一种智慧。一个豁达的人，懂得在黑夜欣赏繁星与月光，在冬季拥抱雪花和寒梅，在失败时品味生活，在成功时享受喜悦，在孤独时享受寂寞。做个豁达超人吧，生活会因豁达的心胸而变得分外美丽。

有一种眼泪叫作温暖

并不是所有的眼泪都是痛苦、绝望或悲伤，有的泪水，流淌的是暖暖的感动。

人世间曾有多少悲欢离合，生命中曾有几许的无奈沧桑，在这个世界上有时心累，有时身累，有时候，人生仿佛就是天涯苦旅。回望浮萍般的心路，曾经的喜悦、忧伤、得意、彷徨……就像高速路上拥挤的车辆，遥遥地没有尽头。但是，生活的美丑在于我们的心灵，不要总是纠结在过去的难堪中，人生需要积极地去看待。

不要经历过小小的挫折，就从此不再相信生活；不要受过偶尔的伤害，就从此不再相信友谊；不要遭遇过一场雪雨风霜，就从此不再相信阳光。坦然地看待人生，生命里会有许多的感动：或许是深夜里母亲在寒风中等待我们回家的身影；或许是烈日下父亲弯腰耕作时洒入泥土里的滴滴汗水；或许是危难时素昧平生的人们排起长长的献血队伍；或许是患难中心心相印的一个眼神，朋友的一条温馨的短信，QQ里一个可爱的表情……有时即便只有一份感动，仍可以酿出一生的甜蜜。

并不是所有的眼泪都是痛苦、绝望或悲伤，有的泪水，流淌的是暖暖的感动。它也许不是从眼睛里流出，而是在心灵里默默地流淌，那是被包容的泪水，被理解的泪水，被原谅的泪水，被支持的泪水。穿越岁月的风雨，这些无私的爱的感动，像电影一样一遍一遍地放映在人生的幕布之上，像雕像一样一次一次地矗立在人生的十字路口。最终，它将成为一种象征，一种濡湿生命的宝贵记忆。

机会就在灯火阑珊处

不要以为命运虐待了谁，其实老天爷可怜天下多冷酷，年年送春来。

古往今来，大江东去，历史的长河显得有些无情，把英雄好汉犹如尘埃一样淹没在黄沙之下。不要埋怨历史的无情，不要埋怨时光的残酷，虽然历史的巨浪把英雄们都埋在了黄沙之下。

年年柳梢绿，今又柳梢绿。不要以为命运虐待了谁，其实老天爷可怜天下多冷酷，年年送春来，给人间带来问候，带来生机，带来希望。很多人认为命运是悲惨的、不幸的，其实命运中有多少春风迎面，有多少机会就在眼前，是自己没有抓住机会，是自己不懂得努力，年年都是春打六九头，可是我们又把握了多少？如果总是觉得自己不幸福，幸福也会嫌弃你。抱怨只是给自己的懒惰找借口，只知道消极抱怨，又怎会发现生命的春天。

年年春打六九头，今又春打六九头。众里寻他千百度，机会就在那灯火阑珊处。其实老天爷每天都给好机会，只是常常是在我们不经意间，好运气来临时，往往是我们自己错过了。不要再去怨天尤人，更不要迷失自我，始终保持一份好的心情，才能把握每一次的好运气。看透上苍的意思，不要向命运屈服，坚强地面对，勇敢地承担。回头看看走过的路，所有的伤心和欢乐会在泪水中折射出一道美丽的彩虹。

勘破命运的背后

人们一心想知道命运的背后是什么，却没有人把眼光放在命运的正面，殊不知，决定命运背后的正是它的正面。

人生之旅，前途渺茫，命运难测，世事无常。人们一边为命运努力着，一边翘首期盼着未来，对未来充满幻想，总想知道自己的未来是什么模样。但是，人们一心想知道命运的背后是什么，却没有人把眼光放在命运的正面，殊不知，决定命运背后的正是它的正面。正面不努力，却期望命运背后多么辉煌，那都是妄想。正面充满希望，充满阳光，背后也不会是阴云密布；正面消极暗淡，背面也绝不会是明媚阳光。

要想破译命运的密码，就要把握好我们当下的每一个举止动念，积极的心态孕育成功的果实，消极的心态孕育失败的萌芽。一个心胸狭窄、锱铢必较的人，他的命运一定会笼罩着猜忌和苦难的阴云；一个乐观豁达、生性开朗的人，他的命运必定快乐无边、幸福无比。

当生活中发生意外、出现困难时，我们只是一味地埋怨命运的不公，却忽略了种瓜得瓜、种豆得豆的道理；当我们人际关系处理得不好时，我们不是反省自己的性格缺陷，是否太过于计较，是否缺乏包容，却只是一味地指责他人的不是；当我们的工作没有得到上司的肯定时，我们不去省察自己的不足，却是满腹的埋怨和牢骚……想破译生命背后的密码，其实只要关注命运的正面，去掉内心里的小气、诅咒、嫉妒、狭隘等阴暗面，树立健康、积极、乐观、包容、微笑、大度、豁达的人生观，命运就一定会阳光灿烂。

人间正道是沧桑，看破了，命运哪有正面背面之分？命运就在我们自己的手里，只要把握了命运的正面，就没有必要苦苦思索背后了，其实，命运的背面就是正面，正面就是背面。

百岁沉浮走荣辱

不管路途平坦还是坎坷，都不要带着人生包袱上路，不要在乎岁月留下的好与坏，我们只须跟着生命的进程大步向前！

年少时光容易去，转眼青丝成白发，百岁沉浮走荣辱，一年又是元宵时。岁月匆匆，没有惊天动地，就在悄无声息中逝去。一年忙一年，一月忙一月，岁岁无了期，人间又元宵。也许过完元宵人生更忙碌，也许会有扰乱心绪的事要自己摆平，还会有复杂的人际关系要去疏通，更有让自己忙得焦头烂额的事要去处理，但是在元宵的祝福中、期盼中走进春天，又何尝不是一种美好？

元宵赏花灯，灯灯都是谜。生活中有太多的变数，生活在这个千变万化的人间，多少谜底猜不透，多少谜底留后人。与其无意义地猜透老天的谜底，不如就这样精彩地活下去。因为生活需要奋斗，需要爱心，需要坚持不懈，需要积极乐观。奋斗会让我们的生活充满生机，爱心会让我们的生活充满意义，坚持会让我们的生活收获希望，乐观会让我们的生活精彩纷呈。

今月曾经照古人，今月还照后来人。多少谜底解不开，多少谜底待后人。很多事情不用执着，更不须强求，好好把握，活在当下。活着，本身就是一种幸运。那些曾经的悲和喜，随它而去。不管路途平坦还是坎坷，都不要带着人生包袱上路，不要在乎岁月留下的好与坏，我们只须跟着生命的进程大步向前！

人活着不仅是一张脸

人活着只在于书写自己的神话，演绎属于自己的奇迹，不要太在乎他人的脸色，亦不要太注重自己的颜面。

世事难料，人情复杂，这就是人生，这就是我们。生活在这个千变万化的人间，随着日月流转，如果自己把握不住的话，就会跟着物转星移而阴晴不定。

人总不能只忙着察言观色，将自己的心全部附属在别人身上。不能因为别人一句平常的话语而猜忌万分，更不能把别人的好言相劝当成是讽刺挖苦怀恨在心。这样的人生很辛苦，实在是于人于己都毫无乐趣可言，既不能帮助自己获得真正的利益，又伤害了朋友情谊。

还有一种人，鸡毛蒜皮的事也要斤斤计较，把自己的颜面看得很重，不允许别人丝毫的批评，有时把玩笑话也当真。春风得意的时候，不把别人看在眼里；落寞的时候，仍不肯放下身价与朋友真诚相处。这种人大多没有真正的朋友，不懂得理解体谅他人，不懂得感恩奉献他人，这样的人生不会是快乐的人生。

其实人活着只在于书写自己的神话，演绎属于自己的奇迹，不要太在乎他人的脸色，亦不要太注重自己的颜面。人活得不仅仅是一张脸，开朗一些，豁达一些，让我们的生活更幸福、更开心，只要我们努力了，奋斗了，到临终时，不愧对父母，不负疚于子孙，不为自己的一生而后悔就行了。

海阔天空，谁的信念

包容他人，就是放开自我。永远对生活抱着希望，就没有末日。

生活在包容的世界里，心胸开阔。包容他人，不只是个人的道德修养，更是做人的信念，是对生命的一种承诺，是对生命的一种信仰。

心要宽，胸怀要阔，要像天空一样晴朗，像海洋一样宽广。嫉妒、狭隘、自私……这些人性的弱点，其实是对自己生命的一种虐待、一种侮辱。看不开，想不透，对他人抱有成见，其实这一切都是自己的错觉，是来去无踪的一种虚幻。

当你发现自己有了敌人时，说明你看待问题出现了偏差，角度没放正确。其实，人生过客匆匆，或深或浅，都是生命里的缘分。就像这样一幕：一头鳄鱼看见一头狮子扑来时，心里想着“末日到了”，然而狮子并没有扑向它，因为它的后面有一头犀牛。我们很多时候就像那只鳄鱼，但没有这只鳄鱼好运，因为我们已经扑了上去。

有时候，我们认为自己面对了很多的压力、困难，其实，那些都不是冲自己来的，一切都只是自己的误解。事实上，天高地广，世界宽广，失望中总会有希望。什么是末日？末日就是对生活只剩下绝望。永远对生活抱着希望，就没有末日。

“海阔凭鱼跃，天高任鸟飞。”包容他人，就是放开自我。放下心中的包袱，你会发现大家都在对你微笑，世界原来是那么和谐。

笑谈生，直面死

成功或失败，温暖或冷漠，悲与喜，得与失，都是人生旅途中的收获。

人生在世不容易，从出生时，悲喜就交织在一起。

天有不测风云，人有旦夕祸福，假若经历一点坎坷就怨天尤人，只能成为航行时没有指南针的船。要记得，天生我材必有用。遇到困难的时候，要有兵来将挡、水来土掩的精神，生命很短暂，放弃了今天，明天就不一定再给你机会了。

活着，本身就是一种幸运，感谢上苍给了我们在这个精彩的世界上生活的机会，不要让宝贵的光阴在自己手中悄悄地流走，认真对待生活的点点滴滴，无论生活给予什么，都欣然接受。只要有笑看人生的胸怀，成功或失败，温暖或冷漠，悲与喜，得与失，都是人生旅途中的收获。

难得来到这个流光溢彩的世界，努力地走到人生的终点，笑谈生，直面死，无愧于天地，从容归去。

留住生命的那份纯粹

用豁达的喜悦和看开的坦然去面对一切，打开自己，才能看到外边精彩的世界。

不知什么时候，我们慢慢发现，自己看不到生命的那份纯粹了。阳光似乎失去了色彩，荷叶上的露珠似乎也失去了光芒，生命变得无奈。其实我们不如让自己的灵魂沉淀下来，寻找那份生命的纯粹，留住生命的那些纯真、感动、善良。

留住生命的那份纯真。我们的纯真不知何时已淹没在那熙熙攘攘的人流里，又或沉淀在那漫长的岁月河底里，抑或丢失在某个被忘却的墙角里。但我们可以用豁达的喜悦和看开的坦然去面对一切，用当初孩子时的眼光去看这个越来越纷乱的世界。唤醒那份纯真，让漫天迷漫着花香，让鸟儿欢歌，让虫子跳舞，让自己的心灵欢腾。让我们的纯真如小楷里的几笔狂草，成为心里的一份收藏。留住幻想，留住善于发现的眼睛，让世间万物在我们眼中发光。

留住生命的那份感动。在我们有限的生命途程中，无论喜悦还是悲哀，无论是亲情还是爱情，或多或少都会有令我们感动的瞬间。当我们遇到这些美好或辛酸的感动时，不妨将它们摄录并保存起来。因为人活着就是在物质和精神之间寻找一种平衡。打开自己，才能看到外边精彩的世界。

留住生命的那些善良。一个人的生命有限，但是有些东西，一定要珍藏。留住善良，让善良发自内心。善良虽在一时一事，但却是内心长期的积淀。有善的支撑、爱的信念，生命才会灿烂。

真正的快乐可以很简单，只要留住生命的那些纯真、感动和善良，就能对灵魂进行不断洗涤，就能让自己的生命回归那初生的纯粹。

假如生命能够穿越

被贴满标签的生活不会是我们真正想要的快乐。

时光倏忽即过，世界是否还是那个世界，我们是否还是我们？生命如果能够穿越，让我们珍惜时光，过平淡却又不乏热情的人生，坚持内心的那份从容与温暖。

如果生命能穿越回过去，那么我希望回到从前，重新学会用宽容去面对那些误解，把自己浪费的光阴重新捡拾，让生活更充实，更有意义。不要让历史仍然按着老的轨迹向前，因为“燕子去了，有再来的时候；杨柳枯了，有再青的时候；桃花谢了，有再开的时候”，但是时光去了，就肉包子打狗有去无回了。曾经的我们，不懂得“少壮不努力，老大徒伤悲”的道理，往往在不知不觉中，任时光悄然而去，等到晚年，只剩一片空白的回忆。所以珍惜时光异常重要，如果生命能够穿越，我们一定要学会把握生命里的每一分钟。

如果生命也能穿越到未来，我们何不从现在开始，给自己的人生做一个规划，让学习伴我们一生？不求很快就能成功，但只要按部就班、一点一点做，最终就可能获得意想不到的收获。因为我们不再追求错误的东西，痛苦和烦恼就不会再追寻我们。如果生命能穿越到未来，我们要做的就是让烦恼就此止步。不要让那些庸碌的琐事、世俗的恩怨情仇羁绊了我们豁达的心灵，即使我们事务繁忙，我们也可以在平淡的生活里，找寻到应该属于自己的幸福，让生命可以充满探索与新知，成为一次挑战人生的旅行。

不论过去是辉煌是暗淡，也不论未来是成功是失败，当自己渐渐淡出喧嚣的时候，都不要后悔过去的选择，因为我们努力过，付出过。我们已经明白，被贴满标签的生活不会是我们真正想要的快乐，喧闹的生活像空中飘过的白云，美丽却留不下一点痕迹。

生命是穿越，也非穿越。春秋更迭，岁月轮换，时空无限，未曾停歇，我们就在这轮回里徜徉，在这轮回里踱步。其实，轮回是条静静的河，而我们就住在这条静静的轮回之河里，能穿越到哪里？哪里能有停歇的地点？让我们静静地掬一捧真爱的甘冽，在心灵的海拔高处，以一种坚持、一种执着，用真诚和挚爱浇灌出一朵生命的太阳花。

如果生命是一场穿越，那宁愿我们的人生是一场赤脚穿越沙漠的历程，也不要在生命的长河中空留遗憾的风景。请保持豁达的心胸、从容的心态，来走好我们人生的每一步。

人生不老少年心

在人生这个不知何时及如何落幕的舞台上，我们每个人都匆匆地做着充分的表演。

人生的时光就像那滚滚东去的江水，再也不会回来，逝去的是人生的岁月，留下的是人生的体验。身体在慢慢地老去，但人生不应也随之老去，人生时时应有一颗不老的少年心。

人生原本就是一张洁白的纸，需要我们自己一笔一画地去书写与绘制。你给它画的图案，不论是否对称、是否美丽、是否有用，它都会留下永远的痕迹；也不论你送给它怎样的故事，它都会留下来永恒的记忆。年轻时的我们，可能会留下一些遗憾和暗淡，但是更多的却是青春的激情、对未来的希望和对生活的美好向往。缺少遗憾和暗淡，还可以用以后的努力来弥补，但要是没有了希望与激情，那么一个人的未来人生将会失去色彩。

人生又是一个万花筒，随着时光的流转，不断有着不同的精彩；人生也像一部纪实小说，揉进了人间的悲喜欢愁，也揉进了人世的酸甜苦辣，有无尽的风霜雪雨，也有太多的聚散离合，而且在时时不断地更新。就在人生这个不知何时及如何落幕的舞台上，我们每个人都匆匆地做着充分的表演，在一幕幕悲喜剧中，我们扮着不同的角色。也许正是因为如此吧，有好多时候才感到平常的日子里多了几分乐趣，有了几分瑰丽的色彩。

时光在流逝，生活在继续，生命的衰老不应与我们生活激情的消退画上等号。人生如歌亦如茶，既像经典的歌曲永远激励人们的精神，又像杯中的浓茶，暂时的苦涩后有着不尽的幽香，人生也应有歌曲的韵味、茶香的无穷生机。

时时保持自己的少年心，人生才可以不老。

谁的快乐飘散在冬风里

是谁把我们曾经的快乐带走？不是轮转的岁月，不是年龄，而是生活乐趣以及信仰的消失。

曾经的我们满怀希望，充满快乐，但生活中的摸爬滚打，使得自己仅有的那份快乐也已飘散在冬风里。回想过去，曾经的风华正茂，曾经的挥斥方遒，曾挥洒过自己的青春，也曾留下过快乐的笑声、成长的脚步与失意的泪水。

是谁把我们曾经的快乐带走？不是轮转的岁月，不是年龄，而是生活乐趣以及信仰的消失，是我们自己放弃了书写梦想的权利，是那些不知道明天要干什么的人，让自己的快乐随着冬风消失。快乐本来人人就有的，只是我们放弃了它，让生活的琐碎、自己的愚昧，占据了本属于快乐的地盘。

曾因为对生活的陌生，所以勇敢；因为相差的距离，所以美丽；那时的稚嫩与无邪，对生活的美好向往，在困难面前勇往直前，所以时时有快乐的心情相伴。如今的我们，不但失去了应有的锐气和在挫折面前不屈不挠的勇气，也没了对更好生活的追求，更是没有了心中的快乐与激情。快乐是会传染的，就像微笑一样，你对别人微笑，别人也会报以相同的微笑，学会分享快乐，你会得到更多的快乐。不知道在温暖的阳光下传播温暖与快乐的人，他的快乐也是短暂的，也不能从他人那里得到更多真正的快乐。

那些飘散在冬风里的快乐，是谁失去的？我们在生活中的烦恼、自私和狭隘，挤走了自己心中曾有的快乐。所以，当我们放逐了心里的那些苍白与灰暗，七彩的阳光就会进入我们的心房，快乐也会重临自己的老家。

忘记也是一种美丽的过程

春有百花秋有月，夏有凉风冬有雪。若无闲事挂心头，便是人间好时节。

生活是一个万花筒，内容五花八门，纷繁复杂，难免有一些酸涩的味道和凄苦的迷离，因此我们应该学会忘记，还我们身心的自由，在这繁复的社会里，享受惬意快乐的生活。

忘记烦恼，告别忧郁，不要让曾经的伤痛和不快再一次搅扰我们应该宁静的身心，我们就可以轻松地面对未来的风雨；忘记忧愁，就可以尽情享受生活中的乐趣；忘记痛苦，就可以让整个身心沉浸在悠闲无虑的宁静里，体味人生多姿多彩的绚丽。

忘记挫折，才能点亮那驱逐黑暗的火，打开那希望之门；忘记失落，才能谱写激昂的乐章，不让信心就此沉没；忘记遗憾，才能把握当前的大好时光，不让光阴肆意流逝。

忘记他人对你的伤害，忘记朋友对你的背弃，忘记曾经的愤怒与羞辱，忘记曾经的挫折与失意，我们就能变得豁达宽容，就能找到生活的真谛，进而更加主动、更加勤奋地开拓属于自己的全新领地。

忘记濒临死亡的阵痛，我们就能明白平淡的生活境遇也如此温馨；忘记遭受的嫉妒和打击，我们就能保持清醒的头脑；忘记一次又一次的失败，我们就能永远追随成功的期许；忘记是非功过的纠缠，我们就能把快乐重新拾起。

春有百花秋有月，夏有凉风冬有雪。若无闲事挂心头，便是人间好时节。就让我们学会忘记吧。忘记仇恨，我们便多了一个朋友；忘记伤心，我们便多了一份快乐；忘记灰暗的日子，我们的生活就充满阳光。

忘记也是一种美丽的过程，只有懂得忘记的人，才会拥有真正的解脱与快乐。

岁月不知人间多少的忧伤

所有的忧伤都是自己给自己的。人生的得与失、成与败、繁华与落寞不过是过眼烟云，让自己活得幸福一点多好。

岁月流转，光阴似箭，春秋轮回，花谢花开，时光不会为谁悲伤，也不会因为谁的不高兴而停止流转。亘古以来，明月依旧，她静静地看着人间的变换，岁月的流逝。多少英雄淹没在历史的潮流中，多少名利得失随着岁月的轮转飘散在历史的天空，她依然还是那样从容，那样坦然。她冷眼看着人间的恩怨得失，任你千般变幻，伊自坦然来去。

岁月不知人间有多少忧伤，是我们自己觉得人间的忧伤大于欢喜，痛苦大于快乐，悲哀大于幸福，其实，所有的忧伤都是自己给自己的。

我们总是把不属于痛苦的东西当作痛苦，把不属于忧伤的东西当作忧伤，把不属于悲哀的东西当作悲哀，却无从发现那些原本应该属于快乐、欢喜、幸福的东西就在身边，就在我们每个人的心中，让所有的快乐和幸福悄悄地从身边溜走了。

人活一辈子不容易，生命再长，也不过百年，为什么要让自己幽怨、痛苦地过这一生，白白辜负这大好年华呢？人生的得与失、成与败、繁华与落寞不过是过眼烟云，让自己活得幸福一点多好。

岁月不会为谁忧伤，岁月也不知人间有多少忧伤，我们每天都可以享受到自然的空气带来的清爽和怡然，都可以拥有一米阳光的温暖，我们应该感恩这大自然的恩赐。心存感恩就不会落寞，知足就不会悲伤，即使真的遭遇人生的寒冬，那也是人生对我们另一种形式的馈赠，只要我们能够转换一下角度，换一种思维模式，学会多方位看人生，总能看到人生阳光的一面。

岁月轮转如静流，无古无今不知愁。落英在晚春化为泥土，来年又灿烂一片，让人间的忧伤随岁月流走，随流云飘散在天际，让我们的心灵澄澈、淡定、坦然、豁达。

当好自己的导演

人生在世的意义，不在于我们走了多少崎岖的路，而在于我们从中感悟到了多少哲理。

漫漫人生旅途，风起云卷，花开花落，缘聚缘散，蓦然回首，在感叹人生蹉跎的同时，却发现我们都是误打误撞来到了人间，谁也不会情愿来人间受苦、遭罪，当然，这一切又都是因缘的和合。

机缘巧合，我们相逢在这个世界，就从此不得不按部就班地生活下去，哪怕想奢求一个瞬间的停留或者延长都不可以。既然凑巧来到了这个大千世界，就不可避免地生活着，那就让我们不负上苍，乐观、自信、包容、豁达地活一回吧。

人生不会太圆满，所以我们应该摆正心态面对苦辣酸甜。只有笑看人生，才能拥有海阔天空。月满则亏，水满则溢。在生活中，面对失去的，我们应当平静如水，淡然处之；面对得到的，也应当保持一颗平常心，多加珍惜。

人生如果拥有积极的心态，就可以得到快乐，就会改变自己的命运。乐观豁达的人，总是能把平凡的日子变得富有情趣，能把沉重的生活变得轻松活泼，能把苦难的光阴变得甜美珍贵，能把烦琐的事情变得简单明了。要知道，悲观的人生，心灵是干枯的，我们只有乐观地活着，才会有梦想，才会有希望，人生才会更加精彩。

落英在晚春时凋零，来年又灿烂一片；黄叶在秋风中飘落，春天又焕发勃勃生机。人生在世的意义，不在于我们走了多少崎岖的路，而在于我们从中感悟到了多少哲理。人生之旅，苦难与快乐同在，就让我们当好自己的导演，演绎自己的人生，去发现快乐、挖掘快乐、创造快乐，让自己活得更潇洒、更超凡、更快乐，让幸福充盈心间。

静望红尘

人生需要不断地往前走，那些苦苦纠缠的所谓爱恨情仇、悲欢离合、成败得失，所有的一切烦恼，都不过是生命的尘埃在上下翻转跳跃。

年华易老，岁月无痕，光影流年，来去如风。流水潺潺而逝，静得让你毫不察觉，掬一捧，又从指缝间流去。时间也是如此，挡不住，留不下，无影无踪。岁月无情，时光太匆匆，一万年的时空也许就是一眨眼的瞬间，功名利禄和荣华富贵都会在梦醒时分悄然无声。

如果说，悠悠的岁月是一阕长词，那么流失的光阴就是一首短歌。撩开千余年的历史烟雾，静望红尘，直面人生的纷纷扰扰。当我们自认为自己的经历多么地轰轰烈烈、多么地刻骨铭心、多么地痛彻心扉时，放眼历史，所有的传奇经历不过都是千篇一律、不断重复上演的人间悲喜故事，而生活更多是在油盐酱醋茶的琐碎日子里被消磨掉。

在生命的历程中，所有或苦或痛、或悲或喜的经历，都只是人生旅途中的一隅风景，在经历时去感受人生，去体悟生命，去享受精彩，也就算是没有白经历一番了。但是千万别执着，人生需要不断地往前走，千万别因为留恋而停留在哪段风景中，更不能因为怯弱而停步在哪段旅途中，让一切都飘落在记忆中。

置身风景中的人知道，美的是不同的心情，置身不同的风景中，叠加出生命的厚度和领悟，等到风景都看透，才知道，世事并无意外。所以，拥有时不必沾沾自喜，更不必紧抱着不放，这个世界，金钱、名利、权势，等等，没有一样东西，是我们可以永远拥有的，包括我们自己的身体。这一切，都只是一个从无到有、从有到无的过程，总有一天都会成为过眼的云烟，无迹可寻。这些看得见、摸得着，看似实实在在的东西，到头来，都会离我们远去，反倒是善良、豁达、包容、大度……那些人性中看不见、摸不着的高贵品质会一路与我们相随。

人生中有许多无奈，生活中有许多委屈，内心中有许多纠结，但是，这些都不能拿来给自己当作仇恨的理由，当作堕落的借口。人生的确要面临很多的问题，会有很多棘手的事情摆在自己的面前，不能豁达去面对，用博大的胸怀去包容，很多事情就成了烦恼。其实，所有的烦恼都不是死结，都有活扣可解，都有出口，只是，我们一定要学会换个角度、换个思路去考虑问题，一定要学会把自己的心胸放开，否则，烦恼的出口，我们也找不到。

岁月的河静静地流淌，人世所有的繁华与苍凉、荣辱与沧桑，无论是轰轰烈烈还是平平淡淡，在岁月的长河里只是或大或小的浪花朵朵。在岁月的对望中，迎着风雨烟尘，以一种无悲无喜的淡然，静看红尘的辗转轮回，在风起的日子里笑看落叶，在下雨的时刻倚窗听雨，在春深的季节用心观花，在飘雪的时节洗涤心灵。

空山空水空明月，千秋往来一梦间。当我们去盘点人生，打捞岁月的烟尘，我们会发现那些苦苦纠缠的所谓爱恨情仇、悲欢离合、成败得失，所有的一切烦恼，都不过是生命的尘埃在上下翻转跳跃。生命原本剔透纯净，一如琉璃。

人间沉浮何须问

当我们自以为失败，甚至一无所有时，至少还有时间和未来；当我们自以为贫穷，甚至不名一文时，至少还有微笑和善良。

“荣枯回眸成大梦，幻化百年空悠悠。名利一场纸半张，流水消磨古今人。”人生如浮云，多少成败得失，都只是在历史的天空游来飘去。多少英雄汉，多少聪明客，穷尽一生，为名为利奔波辛苦，到头来终究是如流水东逝，如浮云散去。

人生也许会有许多条道路，有的人直奔金钱，有的人追逐权势，有的人致力学问，有的人探索艺术，有的人沉迷声名，但是无论是哪种生活方式，无论是怎样的生活道路，我们总须扪心自问：所追求的是否对得起自己这至为珍贵的生命？我们生命深处的需求究竟是什么？

如果我们只是停留在对物质的追逐、拥有、享受上，那我们的生命是非常肤浅的，如果我们能够挣脱外在的一切羁绊，深入地去思考人生，去感知天地万物，去探究生命的真实意义，我们也许会收获一笔丰厚的生命礼物。

如果把生命的全部意义只定格为追求功业的辉煌、事业的兴旺发达以及光宗耀祖，那么结果往往会背离生命的方向。忘记人生的初衷，得到更多的是彷徨、失落。

当我们苦苦地追逐财富时，却不知道善良才是这个世间最为无价的财富，也只有善良才是我们心灵真正的归宿。善良，在我们每个人的内心深处，即便是罪孽深重者，穿过灵魂的缝隙，也总能寻到一丝善的烛光。当我们自以为失败，甚至一无所有时，至少还有时间和未来；当我们自以为贫穷，甚至不名一文时，至少还有微笑和善良。

且不必追问善良对他人的帮助有多大，但至少，善良首先让我们自己内心纯净。

善良的人对别人行善，自己的一生会生活在爱的幸福里。好比盛开的花朵，为世间提供了美丽和芳香，为蜜蜂蝴蝶提供了食物，也美丽了自己的一生。经历过善良的人才能悟透“善良”的含义，“吃亏是福”在这时也有了清晰的注脚。

无论经历怎样的坎坷和磨难，都要坚定地守候心底里善良这块宝贵的沃土。只有坚守善良，我们才不会在纷繁的世事和喧嚣的繁华中迷失生命的方向。

多少荣枯成过往，人间前程是善良。

倘若有来生

凤凰涅槃、羽化成蝶，正是因为经历了强烈的痛苦，然后才有着震撼人心的美丽。

时光匆匆，当岁月的年轮悄无声息地爬上额头时，我们才发现那些曾经的过往被我们遗忘得了无痕迹，以致于我们抓不住时间的尾巴。回首逝去的时光，丝丝感慨充溢心间，生活中有太多的无奈，也有太多的不尽如人意，以致于做出了很多荒唐和无知的事，假若还有来生，我会把人生活得更加精彩和洒脱。

倘若有来生，我希望能平静地忍受生活中遭遇的所有不幸。我会把那些紧紧相逼的困苦当作药剂，一口口地咽到肚子里去，细细地品味。我会安于生活当中那些无聊的清寂，参悟人生的真谛，从苦中品出甜来，以苦为乐，快意人生，以宁静的心态去接受一切的痛苦。

人生的道路本来就是起起伏伏，有高有低。要知道，大海如果没有了波涛汹涌，也就失去了雄浑；没有礁石就碰撞不出美丽的浪花；河蚌不经历磨难，就产不出璀璨的珍珠。要知道，没有挫折的人生，不是完整的人生；不能超越挫折的人生，不是成功的人生。凤凰涅槃、羽化成蝶，正是因为经历了强烈的痛苦，然后才有着震撼人心的美丽。

“自古雄才多磨难，从来纨绔少伟男。”生活本身就是矛盾而复杂的，快乐和痛苦也是相生相伴的。只有体会过巨大的痛苦，才能更深刻地了解快乐和幸福的滋味。只有失去过，才能感知拥有的幸福。输一回并不可怕，挫一回也无须忧伤，只要心中的原野没有冬季，即使大雨滂沱，即使冰封万里，又算得了什么？相信，终究会有雨过天晴的时候。司马迁在牢狱中完成了《史记》；勾践卧薪尝胆终成就一番大事业；曹雪芹在饥寒交加、居无定所的岁月里，写出了《红楼梦》；贝多芬在双耳失聪的情况下，创作了《第九交响曲》；轮椅上的总统罗斯福，身残志坚创造了美国政坛上的神话。

假如人间最糟糕的事砸在了我的头上，我不会再怨天尤人、哭天喊地，因为那样做没有任何意义，悲哀的眼泪很可能会淹没自己。世上也从来没有什么救世主，要走出困境只能自己拯救自己。

倘若有来生，我对生和死将不再疑惑。谁也不可能知道自己有多少个春夏秋冬，谁也无法确定自己的生命年轮，但生的那一刻就注定了死是必然。既然死不可能避免地在前方等待我们每一个，那么就没有必要恐惧。一种必然会降临的结局，恐惧也没有用。我会把死当作一种暂别，不管是亲人的死还是自己的死，都当作一种短暂的分别，在某一个时刻，超越时空之外，我们仍会相见，只有这样，才能感知什么是似曾相识。倘若有来生，我对胜败、荣辱、得失将更加从容。我们每个人来到这世上，都不过是浮云一朵、微尘一粒。我们不过是时空匆匆的过客，那些金钱、名利、权位等都是生带不来、死带不去的身外之物。也许你曾闪亮，也许你一生暗淡，这都只是一个结果，终会烟消云散。所以胜败得失就随它去吧！斤斤计较，只会降低我们的人格，丧失我们的德行，可谓得不偿失。做任何事情都不要以成败论英雄，重要的不是结果，而是在过程中享受人生的充实，参悟人生的真谛。只要我们付出了最大的努力，我们就无憾人生。

倘若有来生，我还会一如既往地坚持人所应有的善良的本性，因为，善良永远给人以美好的感觉。善良是维持人类生存和进化的最纯粹、最根本、最终极的力量。坚持善良，就会驱除仇恨，我们的生活就会幸福常在。坚持善良，就是坚持人性的本源，就是播种人类的明天。我会用自己的真诚和善良，感化那些伤害过我、恶意攻击过我的人，让他们忘记仇恨，找回走失的灵魂。人间三千事，一笑皆了之。

倘若有来生，我会更加珍惜生命里所有的爱。我们要感激天地、万物、人间的容留，我们要感激人伦情感的富足，我们要感激岁月的沉淀。我们之所以是我们，是因为他们深深的关切和包容。我们要以感恩的心去对待生命中所有的体验，珍惜生命中所有的邂逅，多施与少索取，多自省自律少谴责愤怒，让每个人都从我们的眼神中、话语里、行为上感受到真善美，而不要等到垂死时，再用苦涩的泪水和无谓的忏悔，回顾我们曾犯下的罪。我们珍惜与亲人相伴、与友情同路的那些经历，在爱和被爱的过程中，我们要学会善良、仁慈和宽容，这些品质会使我们变得越来越成熟和自信。

世间路不平，但我仍会好好地走，明天会怎样不是太重要，重要的是坚强地走过今天。因为不是所有的付出都有回报，不是所有的演出都有喝彩。无论在什么样的困难面前都让自己充满阳光地看世界，在没有星光的暗夜里，自己去发光。在痛苦无助的时候，在必须独自穿行黑洞洞的雨夜时，在人生最苦难的关头，送一束鲜花给自己，给自己一个明媚的笑容，然后怀着美好的愿望生活下去。

笑问人间谁是客

拥有与失去，这只是时间的游戏。不以物喜，不以己悲，在时间面前，淡定才是对策。

“无可奈何花落去，似曾相识燕归来。”春夏秋冬，循环往复，周而复始，无始无终。海枯为陆，石烂化土，沧海变为桑田，高山蚀为平地，一刻也没有停歇。小溪淙淙，江河滔滔，云翻雨覆，海纳百川，三十年河东，三十年河西，都在不断地变幻。地质、地貌、气候、土壤、水文，这一切我们认为没有“生命”的无机世界，却是承载着一切生命轮回的自然母亲。

春去了春又回，花谢了花又开，人生也是如此的轮回。在历史轮回的长河中，人生不过是短暂的一瞬，就像是花开花谢，日升月落。世界上没有永恒的东西，在时间面前，人生其实没有高低贵贱之分，无论周期长短，无论幸福痛苦，其实都只是一种感受。

生命是一个渐行渐远的过程，朝霞与落日，只是一转身，然而，它却留下了满天的余晖和人们心中荡漾的暖意。正如枯树代表的不是死亡，而是生命的延续，因为有一种精神的萌芽叫作希望。蓓蕾消逝了，鲜花却争奇斗艳；种子消逝了，秋后却果实累累；积雪消逝了，江河却奔腾不息。消逝不是死亡，它是另一种新生；消逝不是毁灭，它是另一种存在；消逝不是腐朽，它是另一种传承。

在时间面前，任何事物都变得不堪一击，无论是盟誓三生海枯石烂的爱情，还是血染荣冠万世封侯的功名。万丈尘寰，你我不过是沧海一粟，千百年后，注定化骨扬灰，消失在这茫茫宇宙。于是再不见了那些悲恨的花、忧愁的云，四季悲欢的歌也在无际的寰宇中湮没，娇容红泪的哀怨、老骥伏枥的凄切都被时间揉碎、散落。

江山本无主，春秋自轮回。我们赤条条来到这个世界，还要赤条条地离开这个世界，我们眼前的一切都是在不断变化当中。没有必要执着哪个属于你，哪个属于我，其实谁的也不是，一切都不是永恒不变的实体；更没有必要在意，谁是谁的主，谁是谁的客，我们都是天地间的匆匆过客。

而我们却常常忘记这一点，错把偶然得来的东西当成我们自己的东西，本末倒置，模糊了自己的眼睛，混淆了自己的思维，于是失去时不免悲恨不已。其实对于失去的东西，我们是否真正拥有过？拥有与失去，这只是时间的游戏。不以物喜，不以己悲，在时间面前，淡定才是对策。我们无法改变人生，但可以让我们精神的殿堂更加诗意、更具魅力！

“我们的双手会枯萎，我们的肉体会消亡，然而我们所创造的真善美将与时间同在，永存不朽。”我们享受的是生命的过程，在这个过程中，感受生命带来的喜怒哀乐、爱恨情仇、成败得失、荣辱沉浮，等等，并从中体悟人生的真谛。

人生一世，草木一秋，重要的不是曾经拥有，而是如何把活着的道理弄明白。即活着的时候好好做人，踏踏实实地做事，有尊严地活好每一天，要对得起日出日落，春夏秋冬，对得起花开花谢。生命不是永恒的，但人的精神却能永存。活着的时候只要尽其一生去努力、去充实、去完善自我，使我们的思想得到升华，道德得到丰盈，当死亡来临时，我们就能坦然而笑、从容归去。我们的生命只要经历了和创造了他应有的灿烂辉煌，无愧于造物主的恩赐，就可以无恨无悔地归还给最为宽厚的大地。

燕子归去又归来，笑问人间谁是客。历史兴亡，人世沧桑，时光的流沙卷走多少盛世繁华，岁月的轮回更替了多少英雄豪侠？潮起潮落，淹没多少故事？月圆月缺，远去多少传奇？轻抚岁月的瑶琴，弹奏生命的旋律，让我们踏着骄阳，迈过江河，活一种豁达，活一种洒脱，活一种从容，活一种坦然。

第三章

人间多少缘

让生命再一次承担

最悲苦的孤独不是身边没有知己，而是心中遗忘了自己。

世界上做得最久且最可靠的朋友，不是别人，而是我们自己，最容易被忽视又最无法躲避的朋友还是我们自己。

最悲苦的孤独不是身边没有知己，而是心中遗忘了自己，同样，我们最需要的帮助也不是来自别人的关怀，恰恰正是实在而顽强的自助。

连自己都不肯接纳自己，便无法要求这个世界给你一个位置；连自己都不能正视自己，便难以在红尘中寻到知己。

我们常常不懂自省，甚至是学会了自我标榜而很不乐意自我批判，学会了自我掩饰而很难主动自我曝光。最大的欺骗是自我欺骗，而自我欺骗最大的受害者正是想逃避受害的自己。

不能站在对面换个角度推敲自己反驳自己认识自己，那就永远无法完善自己。

自己本身不是敌人，但自己身上的狭隘、虚伪和偏见却是我们做人的大敌。和自己相对而坐，尤其是在自己得意的时候和平安无事的时候，这样我们才保持了赢家的姿态，才不愧为自己心灵最忠实的朋友。

当生活中诸多的烦恼像潮水般一浪一浪地涌来时，让我们再帮助自己一次：内心沮丧时，鼓励自己要坚强；心情郁闷时，告诉自己要阳光；烦恼纠缠时，警惕自己别上当；得失对错间，提醒自己要坦荡；磨难突袭时，叮咛自己要承担。这个世界上真正能帮助我们的也只有我们自己。

留一片好心给自己

心态决定着我们对世界的态度。

花开花谢，云卷云舒，生活总是这样的跌宕起伏。红尘的纷纷扰扰，如虚如幻地充斥在我们身边，影响我们的生活，摇摆我们的心地。心态决定着我们对世界的态度，你所看到的世界反映了你的内心。所以试着让我们的内心世界变得干净、变得清凉，你会发现周围的世界原本是那么美好！

留一片无私给自己。

人需要有一颗牺牲自己私利的心，给人以关爱、给人以方便、给人以欢乐、给人以希望，有一分热，发一分光。捧出一颗心来，不带半根草去。素称“陇上桃花源”的舟曲曾被可怕的泥石流弄得满目疮痍。但是中华儿女不会被灾难打垮，这期间涌现的种种事迹都无外乎一个主题，那就是——无私。他们的无私让人温暖、让人敬佩、让人感动。无私奉献是人类最纯洁、最崇高的道德品质。她像冰山雪莲，洁白无瑕；她像满山杜鹃，情暖人间。中华民族，有着几千年的文化底蕴，让中华民族的优良传统不断发扬光大，让无私大爱充满人间。

留一片善良给自己。

心与心的沟通，爱与爱的传递，本来是生活中寻常的举动。可是，有时爱心却变成了奢望，善良也只能可望而不可即。反倒是那些看似毫不起眼的人，在他人危难时伸出一双手，在他人渴望慰藉时捧出了一颗心。其实，爱是没有界限的，给善良设防的只是冷漠的心。勿以善小而不为，勿以恶小而为之。有时候一句鼓励的话、一个微笑的眼神，都能成为别人进步的动力。播种善良，才能收获希望。一个人可以没有让旁人惊羡的姿容，也可以忍受“缺金少银”的日子，但离开了善良，却足以让人生搁浅和褪色——因为善良是生命的黄金。多一些善良，多一些谦让，多一些宽容，多一些理解，开启我们闭锁的真心、热心和爱心，让善良成为这个世界的主流。那么，不管我们的口袋多么羞涩，我们的生活多么贫穷，我们的心灵都将无比地富裕和充实，一份昂贵的善良将永远是我们骄傲的勋章。持守一份善良，便安居一阙坦然。心若没有栖息之处，到哪里都是在流浪，让善良长住心间，幸福就会伴随我们到永远。

留一片无争给自己。

“非淡泊无以明志，非宁静无以致远。”虽然在尘世纷乱的时候，要做到与人无争、与事无求是很不容易的，但是就在现在这个太平盛世里，做到与世无争，仍然是很不容易的。当别人无故骂了你，或者因为什么原因误会了你，或者大家都有的东西唯独少了你的，或者有人做事不顺你意，再或者有人打了你……如此等等你能做到一笑了之吗？即便是不能，也要有“春水船如天上坐，老年花似雾中看”的洒脱，就像秋季，虽然萧瑟冷肃，但也是收获的季节。不要为了无谓的事去争斗，那样只是徒然耗费心力，于人于己都划不来的。人的一生总会得到些什么，失去些什么；遇上某些人，离别某些人，希望永远是美丽的，现实依旧是那么的残酷，错了就要承担，没有必要再去斤斤计较谁对谁错，谁是谁非，紫罗兰把它的香气留在那踩扁了它的脚踝上，这就是宽恕。“有缘相逢共一笑，从此再不论古人”，常怀一颗感恩的心面对所有人吧。

“世界光如水月，身心皎若琉璃；但见冰消涧底，不知春上花枝。”人生在世，恍惚间岁月消逝，在无涯的岁月里，我们只能拥有一段有涯的时光，在这有限的时光里，何不让我们的生命过得轻松而洒脱，充实而有意义，多给自己的心灵里灌注一些美好的情愫，让包容之心、感恩之意和友善的思想、诚信的行为，以及见贤思齐、忍让谦虚的情操等成为我们人生的主题，我们心灵的莽原一旦照进这些真善美的阳光，那一片宁静祥和的庄严美丽就会让世界感动。

收获这清风半帘、明月一轮

总有一天，一些人，一些事，会从我们身边悄然离去。

历经岁月的更迭，我们终将明了，总有一天，一些人，一些事，会从我们身边悄然离去，甚至不留下任何可供追溯的只言片语，遗落在风尘记忆里的无奈和叹息也会渐渐远去。然而，门楣后潺潺流过的韶光年华，却镌刻着我们一路走来所经历的沧桑、艰辛和迷茫，抑或快乐和忧伤。

人生在世，虽说知音难觅，曾经孤独无助，曾经寂寥难耐，曾经彷徨，曾经徘徊，但是，百年孤独不是结局。在岁月的尽头，也许尘满面、鬓如霜，拄杖看夕阳，晚霞泛光，笑靥绽放。感激如水的岁月，百年光阴中收获了浓浓的友谊，收获溢香的时光，收获多彩的人生，还收获了清风半帘、明月一轮。

生命里真正的朋友

友情常在顺境中结成，在逆境中经受考验，在岁月长河中流淌伸延。

大千世界，茫茫人海，与你擦肩而过的人很多，和你相识的人也不计其数，与你有血缘关系的亲人就那么屈指可数的几个。可除了亲人之外，还有另外一种人，这种人尽管和你没有血缘关系，但他像亲人一样关心你、爱护你、帮助你、在乎你。

当你满怀疲惫的时候，他温暖的关爱会给你心灵的慰藉和生存的坚强；当你面对失败的时候，他真心的鼓励会给你拼搏的信心和向上的力量；当你欢呼成功时，他真诚的祝福会给你无限的喜悦和前进的动力；当你遇到挫折而感到抑郁时，他专心地听你倾诉，给你心灵的疏导和幡然醒悟的快乐。这种人就是朋友。

朋友是一种相遇知音似的感动，因为只有对朋友，我们才可以尽情倾诉自己的忧愁和欢乐。那压在我们心头的一切沉重，都可以通过友谊的肩头分担。朋友是你高兴时想见的人，烦恼时想找的人，得到对方帮助时不用说谢谢的人，打扰了不用说对不起的人，高升了不必改变称呼的人。朋友是有悲伤陪你一起掉眼泪，有欢乐和你一起开心笑的人……

朋友是把关怀放在心里，把关切藏在眼底的人；朋友是相伴走过一段又一段的人生，想起时平添喜悦，忆及时更多温柔的人。朋友像一杯凉开水，清凉寡淡，但解渴实用。朋友不一定常常联系，但绝不会忘记，每次想起，依然感觉那么温暖，那么亲切，那么柔情；朋友不一定要门当户对，但一定要同舟共济；不一定要形影不离，但一定要惺惺相惜；不一定要锦上添花，但一定要雪中送炭；不一定要天天见面，但一定要放在心里。

友情常在顺境中结成，在逆境中经受考验，在岁月长河中流淌伸延。它也许并不能成为一段永恒，也许只是你生命中某段时间的一个过客，但正是因为拥有过，感动过，才使你的生命更有意义。

生命的忠诚和信守

把爱传播开来，你将会得到更多的朋友。

人生一世，不可能永远鲜花似锦、阳光灿烂，有鸟语花香，也有急流险滩，人活在社会里，不可能与世隔绝，总得与人交往，相互联系。人生路上，请不要吝啬你的爱心，无论是对身边的人还是对陌生人。

在别人需要帮助时，用你真诚的心，伸出你的友爱之手，尽你所能去帮助他人，用你的爱心去浇灌那些近乎干涸的心田，用你的能力帮助那些濒临绝望的人，用你的善良去泯灭那滋生仇恨的种子，把爱传播开来，你将会得到更多的朋友，你的生活将会变得色彩斑斓，世界因你而美丽。你的人生从此不再黯然，一路上将有更多的人与你同行。

人生路上没有永远的承诺，只有那份对生命的忠诚和信守。

用我一生，为友谊欢呼

也许只是一瞬灿若桃花的笑颜就会成为他人一生温暖的记忆。

生命有时是那么弱小，但有时又是那么坚强，任何艰难困苦都不能遏止顽强的生命力，因为生命的背后有一股爱的力量和信念在支撑着我们，使我们坚信生命的守望，坚信生命的宝贵。

那充满爱心的笑容足以拂去世上所有的阴霾，也许只是一瞬灿若桃花的笑颜就会成为他人一生温暖的记忆。当一个人能够设身处地地为他人着想时，当一个人对人类充满悲悯的大爱情怀时，那么一切的伤害打击都可以容忍、笑纳。

有时，一个善意的小帮助，会像种子一样生根发芽，像春天的细雨般滋润人心。当一切往事都随岁月流逝，舒展记忆的脉络，啜饮往昔的甘醇，那瞬间的温暖再次盈动，那凋零的落叶再次蹁跹，那一地落红化作春泥，就会开出下一季的缤纷。

人生如扁舟，风雨自荡漾

与其埋怨诱饵太多，不如反省自己为何会上钩。

每个人都是江湖里的一条鱼，而江湖里又总是布满了诱饵，与其埋怨诱饵太多，不如反省自己为何会上钩。

放下是福。奴役我们的并非财富和名利，而是人们对这些东西的迷恋；给我们烦恼的也不是生活中的种种不如意，而是我们每个人对自己对他人对生活的各种各样的期待。然而生活不会像父母溺爱孩子一样总是一切如我们的愿，不如意的事情总是像街头的小广告一样布满人生的道路。

人生如寄，谁都是赤条条来去的过客，有什么理由荒废光阴，纠缠羁绊于虚荣以及种种的烦恼之中呢？把那些外在的富贵名利权势都看淡些，把人生的得失成败看轻些，把世间的恩怨对错看开些，别让生命负重行走在人生的旅途。轻装而行，人生应如一叶扁舟，逍遥洒脱地荡漾在碧蓝的海面。

收藏春天的第一缕阳光

心是棵会开花的树，请先学会敞开自己的心，让自己的心里充满阳光。

红尘深深深几许，或许我们用一辈子的时间都难以勘破，但是，我们可以用一颗乐观的心，多关心身边的人和事，对生活投入的热情多一分，那么收获的快乐就会相对多一分。

乐观的心态来自宽容，来自大度，来自感恩，来自善解人意，也来自与世无争。也许生活中依旧会有许多无奈、许多意外，但只要心胸像天空一样宽广，就能装下那最明媚的阳光。其实，阳光就栖息在微笑的嘴角，在舒展的眉梢，在豁达的心头。温煦金黄的阳光会渗透所有的不悦和笼罩在心头的阴霾，以不可抵拒的光辉和明亮抵达内心深处，只需一个灿若桃花的笑靥，就温暖了一冬的清寂与冷荒。

心是棵会开花的树，先学会敞开自己的心，让自己的心里充满阳光，然后无私给予别人心灵阳光，那么心与心之间自然就会架起一座爱的桥梁。朴实温暖的情义，会像月光下盛开的茉莉花，清雅甘美。用感恩的心把生活里点点滴滴的温暖收藏起来，积攒成一轮太阳，照亮自己，温暖别人。

善待生命中的每一种温暖

哪怕已身处绝境，但也请不要忘记绝处还能逢生！

茫茫人海，每个人都生活在自己的故事里，不同的人生轨迹，不同的生活体验，会产生出不同的心情。正好比生命总不会进行得那么顺利，总会有辛酸、得失与沉浮，但这都是生命的经历。

有一些人总得到上天的眷顾，好像他们不需要多大的努力和付出，就能获得海阔天空，意满志得。而有那么一些人，一直勤奋努力，好像却得不到肯定。他们的努力可能换不来表彰；也可能真心的付出换来的不是感激。而那些游手好闲的人看似成功，让我们十分羡慕，但恰恰他们的生命大多庸庸碌碌，索然无味。其实有时被批评最多的往往也是付出最多的，但是当他获得成功时，他就会感到曾经的嘲讽和批评是那么的温暖，也懂得了没有曾经的磨难和挫折，换不来今天的成功，所以上苍是公平的，只要你付出努力，就会有相应的收获。

人生道路上得失常相伴，喜忧皆应自然。无论生命中遇到顺利还是挫折，我们都要善待它们。哪怕已身处绝境，也请不要忘记绝处还能逢生！就好像四季中我们都喜欢春天，不喜欢寒风彻骨的冬天。但只有经历过冬天的磨砺，才能换来梅花傲骨的品格，也才有“墙角数枝梅，凌寒独自开”的别样美丽。人生也是如此，只有经历了生命的严寒，才能成就我们的坚强，细细品味，这所谓的严寒也是一种温暖。

我们都是生命的主人，手持岁月的丝条，在编织着奇迹，无论生命经历了什么，都要让生命闪光，只要我们内心充满感激，充满善良，充满爱意，再寒冷的东西也可以变得温暖起来。

让我们善待生命中的每一种温暖，温暖自己，也温暖这个世界。

没有爱的世界真可怕

爱能抵挡死亡，爱是生命。

太阳和北风打赌，看谁能先让行人把大衣脱去。于是太阳用它温暖的阳光轻而易举地使人脱下大衣；而北风使劲地吹，反而使行人的大衣裹得更严实。温暖可以感化一切，爱可以化解一切误会、矛盾，也可以战胜一切困难，有爱的人生，不惧怕雪雨风霜。但这爱不是别人对自己的爱，而是自己内心对这个世界、对天地万物、对一切生命真诚的爱。

一个内心缺乏爱的人，他的世界就像是一片荒漠，因为他吝啬付出，那么他的收获也只能是寥寥无几。肯为人遮挡风雨的人，才能让更多的人为自己遮挡风雨。

如果有一天，你不再爱别人，也不被别人爱了，那么你已经死了；如果有一天，你死了，却还被别人记着、爱着，那么你还活着。爱能抵挡死亡，爱是生命。

不要让心海深处有个冰点

一切经历，只有体验，没有后悔，更不应有仇恨。

人活一生，总会经历酸甜苦辣，所以变得越来越沧桑、世故，变得越来越自以为是、心怀城府，在心灵深处渐渐地滋长出一个冰冷的地方，无人能触及。我们往往认为自己合理、正确，但这不过是自己的主观意识，于是在无形中逐渐被自己的成见、傲慢、无知所淹没。

一切经历，只有体验，没有后悔，更不应有仇恨。永远没有冷漠的理由，哪怕只是极其短暂的冷漠，当你对这个世界冷漠时，你的心灵已经荒芜。

不是阳光照射不到心灵，是心灵冷漠了阳光。让心灵充满宽容和爱，以阳光的心态面对人生，温暖每一个平淡的日子，生命才最接近本质的真实。

莫向梦里寻恩仇

怨天尤人，满怀不平，但可曾自我省思，何以只有自己不平多？

看历史长河，悠悠千古，不论是英雄豪杰、王公贵族，还是平民百姓，有多少恩怨情仇，不都随着生命的完结而消去？人生如歌，人生亦如梦，向老天祈愿，相逢一笑泯恩仇。

知恩报恩，人间真情；冤冤相报，何时是头。是非恩怨，又有谁人能平，不见那古今多少英雄汉，南北青山黄土埋；空山空水空明月，千秋往事一梦间。“了然只是梦，茫茫复何求”，当明了何来的恩怨情仇，你还会为了曾有恩于他人而望报，为了无意间的仇恨而烦恼吗？人间不平到处是，不平只近幽怨来。怨天尤人，满怀不平，但可曾自我省思，何以只有自己不平多。

悠悠沧州道，南北名利客，年年杨柳绿，往事随烟灭。

自古多少为名为利客，忙忙碌碌南北往来，其间的恩怨情仇不知几何，但如今又有多少今人知道？浮云似梦，与谁为仇？云烟过眼，与谁结怨？英雄也罢，百姓也罢，伟人也罢，凡人也罢，不过是过眼空花，无常的繁华，更别说那短暂的怨与仇。实实在在的人生路走过去，又有几人会让后人得识？不管是惊涛骇浪，还是成败沉浮，不过都是历史轮回中的惊鸿一瞥。

你恩我怨，他情已仇仔细道来却又不可捉摸。无处下手，如此恩仇何处来？又当让它何处去？当往事埋没在地平面以下，那让你失去自我、迷失自性的情仇恩怨又在何方？一切情怨随缘去，莫向梦里寻恩仇。

好话一句，好心一片

如果实话是一种伤害，请选择谎言；如果谎言是一种伤害，请选择沉默。

好话不一定动听，动听的不一定是好话。对的话未必是好话，说得让人舒服、让人开心、让人不生烦恼、让人能积极乐观地面对生活的就是好话。父母师长的教诲也许很严厉，言辞也许不那么动听，但这是毋庸置疑的教导自己成长的好话；真正的朋友之间，当我们误入歧途时，朋友善意的规劝，也许婉转，也许严厉，无论何种，无疑都是一种好话。如果说出的话有些“狠”，但是能帮助对方改正错误，只要出于一片真诚、爱护之心，狠话也是好话，只是这样的好话需要一种智慧去圆融，需要用技巧去变通。

好话不一定是实话，实话不一定是好话。有的人说完伤人的话后还拍着胸脯，理直气壮地说自己是一片好心，是“刀子嘴，豆腐心”，可实际上，只要是一片好心，伤人的话一句也不会出口。如果实话是一种伤害，请选择谎言；如果谎言是一种伤害，请选择沉默。说好话，不仅仅是一种语言技巧，它体现的是一个人的宽容、大度和一种无私。言语间，不要那么刻薄，不要吝啬我们的笑脸，多说好话，多说祝福的话，多说开心的话。好心、好话、笑脸，会给这个世界带来温暖，会给心灵带来纯净，

“好话一句三冬暖，恶语一句六月寒”，如果心中有谄媚，多么动听的话也请不要说出口，污染的是自己的心田；如果心中有恨意，哪怕只是一丁点的难听话，也请不要说出去，不仅伤害他人，折磨的还有自己。如果心“太高”，看不到别人的好，如果心中有嫉妒，容不下别人的好，连一字一句的好话也不情愿说出口，不想送出自己的肯定、赞美、问候、祝福，那么这样的心灵已近冷漠。好话，不须费多大的力气，只须轻轻地用舌尖真诚地把好话送出，你会发现，你送出了好话，收获的会是珍贵的友情，你的话不仅温暖他人，首先温暖的是自己差一点就走向了冷漠的心灵，你会收获心灵的春暖花开。

忘不掉生命中的那些缘

岁月在划过心坎的淡淡伤痕时，虽然留下了些许的遗憾、无奈、沮丧和愁绪，但是在斑斑点点的记忆深处仍然留下了一笔笔阳光般的温暖。

生命当中有友情、感情、亲情等各种情谊，这些情谊在曾经的生活中很直白，很鲜活，它所转化成的记忆，历历在目，甚至是刻骨铭心，让我们不能忘却。

一个人，如果把父母的呵护、朋友的关心、老师的慈爱、同事的帮助都忘了，就太冷漠、太自私，也太无情了。如果把触动心灵的一幕幕都忘了，生命会变得非常苍白。更不用说唯利是图，只记得存折上的数字的了。需要我们忘掉的只是生命中的那些误解、冲突、不快和别人对自己的伤害；需要我们记住的则是那些快乐的、感恩的、发自内心的、别人不经意间对自己的好。对别人的过错能放过就放过，不要紧抓不放，别人对自己的付出一定要心存感激。感动生命的每一个缘分，感动生命中的每个春夏秋冬。只有牢记那些过去的缘分，才能让未来更精彩。

岁月在划过心坎的淡淡伤痕时，虽然留下了些许的遗憾、无奈、沮丧和愁绪，但是在斑斑点点的记忆深处仍然留下了一笔笔阳光般的温暖。这温暖开始荡漾的时候，那份感动、那些缘就在不断地升华自己灵魂深处的污浊和混沌，让我们的内心变得柔软，富有同情心，所以，我们要铭记生命中的那些缘。

学会温柔地聆听花落的声音

放弃和失去，其实始终是人生的大局。抓得越紧，丢失得会越多。

人只有两只手，能抓多少东西？抓住一样东西，就意味着放弃了更多的东西。放弃和失去，其实始终是人生的大局。抓得越紧，丢失得会越多。

得到了，莫要沾沾自喜；没有得到，也莫要灰心丧气。生命的旅程太短，世间的精彩太多，拥有什么，失去什么，都不是人生过程的关键。再好的东西，都有失去的一天；再深的记忆，也有淡忘的一天；再爱的人，也有远走的一天；再美的梦，也有醒来的一天。很多东西，舍弃了更是一种解脱，放弃了就意味着自由自在，所以，该放弃的决不挽留，该珍惜的决不放手。

活一回人生，不要有太多的思虑，学会取舍，放下人间的是非恩怨，放下红尘的纷扰纠缠，用一种宁静和从容，朝迎晨曦，暮送晚霞，温柔地聆听花开花落的声音。

不做命运的独语者

分享快乐不是减法，而是让快乐成倍递增。没事偷着乐的人，要学会让乐趣将身边的人都包含在内。

一位老人给了一个孩子五颗糖，问他会怎么处理这五颗糖。孩子高兴地说，我要自己吃一颗，剩下的分给我的小伙伴。老人问他为什么，孩子回答说，如果把糖果分给伙伴们，不仅我自己品尝到了糖的美味，小伙伴们也同样分享了我的快乐，一份快乐就变成了五份快乐。他不仅仅是拥有了得到糖果的快乐，还收获了分享后更大的快乐。有着这样的快乐心态，又怎会感到孤单呢？

如果你把快乐告诉一个朋友，你将得到两份快乐，分享快乐不是减法，而是让快乐成倍递增。将快乐独享，就会让自己形单影只。

孤月独明，不如众星朗朗；虎啸一声，不如百鸟唧唧。没有人分享的快乐不算真正的快乐，快乐是人一生的精神支柱，没有快乐，生命将变得毫无意义。没事偷着乐的人，要学会让乐趣将身边的人都包含在内。

生活需要伴侣，快乐需要分享，分享的快乐才是真正的快乐，让我们分享快乐，永不做命运的独语者。

面对那些明天可能忘记的真诚

以诚学习无事不克，以诚立业无业不兴。

曾几何时，“一诺千金，恪守诚信”就像根植在人们心间一样，但在文明的今天，它却一度让社会大声疾呼。诚是立身处世的不二法门，其力量无远弗届，源源不绝。

真诚的心就像阳光雨露，能温暖人心，净化心灵，它也是德的具体表现之一。一个真诚的人，有时候可能做出某种傻事，甚至蠢事，但他决不会做出对不起良心的事。真诚是一种不加掩饰不加遮盖的透明，是一种没有面具没有虚伪的坦露真诚，是一种优雅，是一种宁静，是一种圣洁，是一种美好，是一种淡泊，是一种成熟。

真诚的人付出自己真诚的时候，他需要的不是物质上的具体回报，而是精神上的理解和安慰。真诚这个词一旦落到具体行动上，就没有虚幻的形式，只有实在的内容。

以诚学习则无事不克，以诚立业则无业不兴。缺乏真诚的人生，是一种苍白的人生，是一种迷失的人生，是一种不完整的人生。高山真诚了，展现出身躯的伟岸；大地真诚了，把沧海变成了桑田。真诚能够使我们广结善缘，使人生立于不败之地。让我们用真诚把“人”字写直写高，把尘封的心胸敞开，荡去狭隘自私的云烟，活出一种朴实，活出一种尊严。

任何怨恨不满，都能在真诚的关怀中消融；任何困顿厌倦，都能在真诚的互爱中消逝；任何猜忌误会，都能在真诚的交流中圆解。面对那些明天可能忘记的真诚，让我们以真诚之心行来面对世界。

如果友谊可以寄存

寄存在心里的友谊，没有忧伤，没有要求，没有索取，深埋在心底的除了祝福还是祝福。

人生路漫漫，最不能缺少的是朋友。在真正的朋友面前，我们只寻求心灵的交流，将那份珍贵的友谊寄存在心里。

朋友是我们用爱播种，用感谢收获的田地。当朋友的心灵饥渴的时候，我们会无私地给予安慰，当朋友的人生舟楫摇摆不定的时候，我们会向他递去系有平安飘带的橄榄枝。因为真正的友谊没有利欲干扰，只是一种心灵的交流与互动，所以当朋友静默的时候，却仍可以倾听他的心，因为在友谊里不用言语，一切思想、一切愿望、一切希冀都在无声的喜乐中发生并共享。朋友之间，可以敞开胸怀直抒胸臆，根本用不着伪装自己或者担心失态。当朋友向我们倾吐心声的时候，也不用怕说否而不高兴，更不用隐瞒彼此的认可。

相互关心，但不互相约束，善意提醒，却不指责。寄存在心里的友谊，没有忧伤，没有要求，没有索取，深埋在心底的除了祝福还是祝福。

人生离不开友谊，让我们用真诚去播种，用热情去灌溉，用宽容去培养，用谅解去维护那份深埋在心底的友谊。

走在天地间，结些山水缘

是非还在，恩怨还在，换个心态，就又是另一番风景。

生活在城市的人们，每天看在眼里的灯红酒绿，听在耳里的是非恩怨，带来的是身心的疲惫与烦恼。于是总想有空时，走走山川大地，去倾听大自然的声音。

走向天地间，踏着柔软的土地，呼吸着芳草的清香，倾听着流水的欢笑，这是江南山水的柔美；飞马奔驰在一望无际的原野，有时远处会掠过一两座牧民的毡房，这是草原的豪放；脚下是细细的软沙，耳中是呜呜的波涛，前仆后继不停拍打着海岸，大海的辽阔让人们的心胸豁然开朗，海鸥翱翔在水天间，也给了我们无限的想象。

让我们远离城市的喧嚣，远离看在眼里、留在心中的那些烦恼与琐碎，让眼里多看些高山绿水，心里多留些明月清风。山高地广，海阔天空，好山好水到处有，多看这些，总强过看人间的那些成败得失。多看些美好的风景，去掉那些阴暗的心、不干净的心、不健康的心，让心灵如那山涧流水般清新自然。佛家有句话："看山是山，看水是水；看山不是山，看水不是水；看山还是山，看水还是水。"并不是山水在改变，是自己看事物的心在变，看事物的角度在变。

多看些阳光、健康、快乐、温暖，不是世界温暖了，而是自己的心温暖了。是非还在，恩怨还在，换个心态，就又是另一番风景。走在山水间，结些山水缘，让我们的心灵充满山水的清新与静幽。

善良是心灵的永恒阳光

随时随地都能保持善良才是真正的善良，不能坚持的善良不是真正的善良。

很多人总以为自己的好心，别人领会不到，其实每一个善意都会在世间留下痕迹、留下感应。没必要把自己的每一种善意都表现出来。故意地显示自己的善意，反倒是对自己的一种不信任。

我们的善良可能对周围的人来说微不足道，但是当有人需要我们伸出手时，我们不假思索的一个善意举动，就十分珍贵了。善良可能是一瞬间产生的怜悯之心，但是，这种怜悯不应只是这一时，随时随地都能保持善良才是真正的善良，不能坚持的善良便不是真正的善良。善良的人还应该有颗包容的心，包容他人的过失，包容他人的误解。能包容才是善良，坚持善良就是坚持永恒的包容。

只有把善良落实到当下，落实到生活中，善良才能成为一种生活状态。因为善良不是从嘴角里挤出的一丝假笑，也不是人际交往中的那种廉价的夸耀，更不是处处卖弄的自吹自擂和花言巧语的欺骗。当你的善言好语不被人理解时，不要在意，只要表达了你的善意就足够了，默默的祝福会令这个世界充满温暖。所以说，善良是被误解时不辩白的沉默，是被伤害后无声的包容，是和煦如风的迎面微笑，是亲切和蔼的柔软言语，是任劳任怨的埋头劳作，是不计得失的默默付出……这样的善良充满着包容，充满着理解，充满着慈祥。

善良是任何财富都换不到的，是我们行走于世间的完美人格。让善良永驻人间，让善良成为美丽我们心灵的永恒阳光。

嫉妒是生活的悲剧

当心中的不满、怨恨达到一定程度时，它就会彻底蒙蔽我们心灵的那点光亮。

吃不到葡萄说葡萄酸、红眼病、吃醋等是嫉妒的俗称。在日常生活中，嫉妒时时伴随着人们，不过很多人由于各种原因，可以看清自己，能克制自己的心，让嫉妒成了羡慕。但如果一个人心胸太小，羡慕也可以成为嫉妒，从而造成严重的后果。

人人都会有嫉妒的心理。嫉妒是与他人比较，发现自己在才能、名誉、地位或境遇等方面不如别人而产生的一种由羞愧、愤怒、怨恨等组成的复杂的情绪状态。就内心感受来讲，前期主要表现为由攀比到失望的压力感；中期则表现为由羞愧到屈辱的心理挫折感；后期则表现为由不服不满到怨恨憎恨的发泄行为。如果合理运用它，把羞愧转化成认识自己不足的勇气，那么就会给人们以超过他人的动力，这也是一种促使人们前进的动因之一。而如果任由嫉妒发展，当心中的不满、怨恨达到一定程度时，它就会彻底蒙蔽我们心灵的那点光亮，可能造成不可挽回的后果。

嫉妒是生活的悲剧。一个人在嫉妒别人时，往往只看到别人的缺点，夸大自己的优点，也就是常说的不能够正视自己的不足、小心眼。当我们明白“天外有天，人外有人”，“强中自有强中手”这一客观规律时，嫉妒将不再是生活的悲剧。培养豁达的人生态度，正视自己的不足，发扬自己的优点，就可以让嫉妒升华，转化为积极人生的又一助力。

祝福是一种沉默

它在我们的生命里，微不足道，却往往重如千钧。

很多人总以为自己的祝福，如果不说出来，别人就不知道，其实只要是内心怀着一份真心的祝福，别人是能感受到的，事实上，默默的祝福更体现了友谊的纯洁。

道一声“祝你幸福”，别人未必就能幸福；道一声“祝你健康”，别人未必就能健康；道一声“祝你成功”，别人未必就能成功。但祝福永远是美好的，它代表着我们美好的心愿，它诠释着我们美丽的心灵，表达着我们内心的无限爱意。假如没有祝福，多彩的节日将会变得多么暗淡、冷清。祝福有时并不能改变现实中的什么，但总可以令这个世界变得更温馨。给别人一份祝福，便等于给别人一份希望，生活是离不开祝福的。有时候，创造奇迹的不是巨人，也许只是一句普通的话语。而一句鼓励的话语，就是给对方一份免费却珍贵的礼物。它在我们的生命里，微不足道，却往往重如千钧。

有时候，祝福不一定要说出口，在滚滚红尘中，我们可能相识，可能相知，那就为我们的相识而欢呼，为我们的相知而歌唱，为那些坚韧的执着书写篇章。希望月亮能带上我默默的祝福，给陌生的、熟悉的你，希望你快乐如太阳，总是那么阳光和煦。希望太阳能带去我默默的祝福，捎去温暖，带去爱意，愿这份祝福温暖整个人间，愿这份祝福让世界充满爱意。

默默地祝福，默默地祈祷，希望这开心的雨露能布洒到每个人的心田。默默的祝福更彰显爱的伟大、爱的无穷，默默的祝福更能历久弥新，如晶莹剔透的心，那样璀璨，散发着无限的光辉。

如果祝福是一种沉默，让我们选择永远。无声的思念、无声的牵挂、无声的期盼、无声的关怀、无声的喜悦，化作无声的祝福，如是春秋，如是心情，愿天下安宁。

让我们接受春天的访问

世间万物情景合一，春光把人的心境调谐得如一泓静水。

“燕草如碧丝，秦桑低绿枝。”风，已经吹绿了树的枝条；水，也洗净了鸭子的羽毛，盼望了整整一个冬天，大地终于苏醒过来。一阵阵温润的微风吹来那浓郁的花香和青草的气息，直向人们的心里面钻去，让人不得不兴奋地迎接春天、接受春天的访问。

让我们以轻松的心情迎接春天。因为春天总让人那么向往，青山绿水，走到哪里都惬意。站在春天的土地上，让人们忘记了冬的冷漠、夏的酷暑、秋的萧瑟，只沉醉在春天这块浸染着生命之色的画布里。在春的怀抱里，可以尽情地呼吸新鲜空气，保持清醒的头脑，开始一整年的好运气。

让我们以快乐的心态迎接春天。因为春带着她特有的新绿像海水一样漫来，让人心醉；春带着她特有的温煦像潮水一样涌来，让人们忘记了所有的烦恼，尽情地享受它带来的快乐。踩在松软的泥土上，才知道生命的温床可以如此的平实。只要季节的老人飘然而至，所有沉睡的种子，都可以在这里萌发，并赋予生命一种变换的姿态。

让我们以微笑的姿态迎接春天。当你披着柔媚的春光，让略带甜意的风从身边掠过，就会领悟到春的气息里，其实包含着一种最令人动容的柔情。春用自己最独特的方式，演绎着自然那神奇的活力，透出对自然万物鲜亮的爱，让我们从心底萌生出柔和而明媚的春意，让我们的心不再寒冷，让我们能放飞信念的鸽子，收获理想的果实。

世间万物情景合一，春光把人的心境调谐得如一泓静水，像一只温柔的手，轻轻地抚平我们的创口，消弭了我们对这个世界的抵触，让我们的脸上都荡漾着幸福的笑意。春天把人感染得宽容和蔼、柔韧坚定，就让我们以轻松的心情、快乐的心态、从容的姿态，微笑着接受春天的访问吧。

冷漠的脸最可怕

生命中那些温暖如春、激情似火的日子，才是生命长河里最能拨动人心弦的浪花涛声，才是历史苍宇中最灼人的灿烂星子。

时光的车轮滚滚向前，历史的河流大浪淘沙。悲欢离合的人生总有酸甜苦辣，尽管如此，我们也没有理由玩世不恭或者愤世嫉俗，因为无论怎样，我们都不能改变既有的事实，我们唯一能改变的是我们的心态。一脸的沮丧，一脸的哀愁，一脸的冷漠，只能使自己变得更加丑陋，若拥有一种阳光的心态，我们的脸上就会洋溢灿烂的笑容，我们的生活也会因此精彩纷呈。

然而，很多时候，冷漠的寒流好像一下子就冻结了人群中那几朵璨笑如花的面孔，冷漠的飓风吹枯了大街上那如织如蚁的人们心头的爱心小荷。他们似乎把冷漠当作一种看破红尘的清高、一种“世人皆醉我独醒”的顿悟、一种时髦无忌的大度和潇洒。但仔细回想一下，生命中那些温暖如春、激情似火的日子，才是生命长河里最能拨动人心弦的浪花涛声，才是历史苍宇中最灼人的灿烂星子。

人们之所以有时会冷漠，是因为内心深处有太多的自私与狭隘，容不下这个社会丝毫的纰漏，容不下朋友或者亲人的所谓的背叛，于是让自己变得越来越孤独，越来越冷漠，也让自己与大家越来越疏远。要知道，再漂亮、再美丽的脸，如果没有了笑容，也就没有了感情的变化，变得冷漠无情、阴沉灰暗，也会给人一种狰狞可怖的感觉。

生活需要开心，需要快乐，冷漠会使我们孤独无助，冷漠会夺去我们的爱心，冷漠会使我们远离大众，然而，若真的离开大众我们将一事无成。就让我们远离冷漠的阴影，用一片爱心去生活，让我们的内心世界变成一条潺潺作响的爱溪暖流，去温暖自己，也温暖这个世界。

让风带走我们的忧郁，让雨洗掉我们的烦恼，让阳光带给我们温暖，让月亮带给我们柔情。就让我们豁达一些，包容一些，率真一些吧，远离了冷漠，也就远离了矫情和伪意。远离了冷漠这薄薄的雾纱，我们就会惊喜地发现，真情的阳光会永远照耀在我们身边。

爱的荒漠最是悲哀

爱是与生俱来的，任何生物都能读懂爱的信息。

宇宙万物，千差万别，唯有爱是连接彼此的心灵桥梁，任何生物都能读懂爱的信息。爱能令顽石感动，令邪恶遁形，让世界变得美丽和谐。爱，能让一个人从罪恶的深渊中走出；爱，能让一颗受伤的心变得温暖；爱，也能让一个人懂得帮助他人是幸福。不要让我们成为缺失爱的人，那样会变得自私、冷漠、不近人情、越来越孤僻，不要让心灵成为爱的荒漠，不要让爱的花朵在心里凋落。

爱是无私的奉献与给予，有爱的人有朋友，博爱的人朋友多。爱是与生俱来的，爱也是作为人必须具备的本质之一。没有爱的人是吝啬的、自私的，这样的生命是苍白而空虚的。缺乏爱的人不懂得关心他人、帮助他人，不明白给予和奉献的意义。

也许我们感受过人情的冷暖，经历过世态的炎凉，但是，千万别因为生命中的风雨和沧桑就走进爱的荒漠，让心灵愈来愈苍凉。正是因为经历了艰辛与坎坷，才懂得爱的珍贵、爱的力量。相信人性中的善良，相信善良是生命的脊梁，相信爱是战胜一切困难的力量，相信生命因为爱而坚强，因为爱而宽广，因为爱而芬芳。

世界原来如此宽广

心开朗，天地宽。

人生在世，有时候总觉得世界太小，小到讨厌的事情总会发生，不想遇见的人总是相逢，烦心的话总能听见，不开心的事比比皆是。难道真的是世界太小吗？

试想一下，同一杯咖啡加进不同数量的水，喝出来的味道能一样吗？杯子容量那么小，肚量也小，我们喝到的尽是咖啡的苦味，看这也不顺眼，看那也不顺眼，假如我们的肚量像湖水一样宽广，一杯苦咖啡溶进去，那它的苦味几乎淡得可以忽略不计。人生也如此，如果心开朗起来了，我们面前的天地就宽广了。

因为心胸狭隘，所以有那么多的难以容忍，看不惯世间的恩恩怨怨，理不清俗世的是是非非，双足深陷于狭隘的泥潭之中，难以自拔，感觉世界是那么的狭小。其实，不是世界太小，是我们的心量太小，小的连自己也容纳不下。

学着让自己的心胸宽广起来，学着让心变得包容，变得豁达，因为心有多大世界就有多大。学着严于律己，宽以待人。当严格对待自己的时候，就对别人不那么挑剔了；当宽容别人时，就会发现没有那么多令自己厌烦而不想见到的人了。

一个心胸狭隘的人是不会去爱别人的，也不会得到别人的爱。爱需要付出，需要包容，需要在受到误解的时候一笑而过，需要在误解了别人的时候敢于批评自己。当我们学会了用一颗包容的心、豁达的心、开朗的心去看世界时，就会发现，世界原来如此宽广。

留一颗好心走到岁月的尽头

我们的心灵深处，是不是已经被那些身外之物遮蔽得没有一丝阳光？是不是被无休止的贪欲障住了慧眼？是不是已经在名利酒色的主宰下丧失了自由？

天高云淡、山青水绿、鸟鸣花香，应该是美好的大自然的一种象征。置身于干净、诗意的大自然中，我们的生命才能保持对美丽的敏感，也才能生出对未来的信心。但是，人的欲望又促使我们不断地向自然索取……

诚然，环保已经是当今世界的热门话题，是构建和谐社会的重要举措，也是社会的潮流所向。在这个物质文明飞速发展的时代，地球正在经受着前所未有的破坏，我们的生活环境正不断地被污染。生活在城市的人会感觉特别明显，曾几何时，蔚蓝的天空已成为难得一见的风景，新鲜的空气已成为堪称奢侈的享受。水是生命之源，但我们能够喝到的是什么？清洁的水源似乎只有在电视广告中才得以一见。我们的生活被钢筋水泥包围着，被喧闹嘈杂包围着，被工业废气包围着。污染造成了整个生态环境的破坏，孕育过中华文明的黄河已近于枯竭，而长江沿岸的水土流失则使得特大水灾频频发生。面对大自然的惩罚，如果我们还不开始反省，不检点我们的行为，终有一天，这个地球会不再为我们提供安身立命的庇护。在今天这个社会，利润最大化原则几乎左右了所有人的生活观念。而从更深层的意义上看，它所造成的不仅是那些有形的污染，所破坏的也不仅是人类赖以生存的环境，可怕的是它在不知不觉中逐步侵蚀着我们的心灵。

我们的心灵深处，是不是已经被那些身外之物遮蔽得没有一丝阳光？是不是被无休止的贪欲障住了慧眼？是不是已经在名利酒色的主宰下丧失了自由？如果我们能够进行这样深入的反省，多半会发现，我们的内心正面临着和生态环境同样的危机。人类虽然是万物之灵，然而破坏生态平衡与环境的罪魁祸首却是人类自己。人类为了满足自己的口腹之欲，无视于对自然环境的破坏。人类自己贪生怕死，却对于那些可爱的动物残忍至极。人类只有一个地球，所以保护环境才是我们唯一的选择，否则，就会给子孙后代留下贫瘠而丑陋的家园。

如果说生态保护是今天整个社会的当务之急，那么，心灵环保的提倡也同样迫切。只要人类的贪欲不节制，对能源的过度开发就不会停止，对生态环境的肆意破坏也就不会罢休。虽然，人心不可捉摸，但它却能影响身体和一切世间的事物。因为正确的人生观和世界观，不仅直接影响到我们的人生幸福，更直接或间接地影响到生态环境的平衡，影响到整个社会的健康发展。

心灵环保不仅是我们个人的需要，也是整个社会的需要。一位从事生态环保的社会学家曾经指出：“当我们把目光投向满目疮痍的世界时，我们应当明白，对世界造成最大毁坏的不是别的，而是我们内心燃烧的欲望。如果我们不把爱财变成更多的热爱自然，如果我们不把占有的欲望变成存在的审美，如果我们不把对钱的渴望变成对生命意义更崇高的追求，我们的世界是不会仅仅被扬汤止沸的环保行为拯救的。”

我们要进行心灵环保，必须对自己的心有基本的认识，了解可能出现的种种心理状态，才能有针对性地弃恶扬善。我们要能够认清其中扰乱我们内心的力量，从而对它们生起警惕，防范它们的进攻，就像防范我们的冤家仇敌一样。当然，仅仅防范还是不够的，还要进一步对付它们，铲除它们的根源，只有做到这一点，才能使我们的心从烦恼的束缚中解脱出来，保有清净祥和的状态。要搞好“心灵的环保”，对每个生命个体来说，必须树立正确的人生观、价值观，始终用法律和道德的规范来约束自己。经常打扫自己的“心灵小屋”，让真、善、美的阳光照射进来，驱除假、恶、丑的阴影。要对生活中的许多事情看淡一点，看开一点，懂得谦让和包容，学会放松和休闲。让恬淡和充实、美好和感动时刻充盈在心灵深处，就会活得健康、活得幸福。

从这个意义上说，心灵环保也正是生态环保的关键所在。在全社会都在呼吁生态环保的今天，希望有更多的人能够加入到心灵环保的行列中来。因为一个地区、一个国家，乃至整个世界的苦乐，世界的治理与安危，都依心力而造，随心力而转。假使大家人人都向善、向智、向和平、重道德、守法纪，我们的行为便会走向善道，世界就会转成和乐、清净的世界。

做好环保要从我们自己开始，让我们的心中充满着绿意，并开满一园璀璨的花朵，让心灵深处回归自然澄明，给心灵一个无污染的空间。让我们的世界拥有一片纯净的蓝天，为子子孙孙留下美好的乐土。

不要让心灵在寂寞中枯萎

如果你感觉不到世界的美丽，是因为你的心不够明朗。

红尘扰扰，岁月匆匆，百年光阴，一瞬即逝。太阳和月亮是金梭和银梭，日复一日地编织着生命的经纬；白天和黑夜是金针和银线，年复一年地缝补着人生的苦乐。我们每个经纬纵横的生命就在这浩渺的天地之间随着岁月流转，这些苦乐悲欢的人生就在四季的花开花落里轮番上演。

别让烦恼支配了自己的生活，要时刻记住生活的主流是开心。不要为某件事或某个人而错过花开的季节。每天都有明媚的阳光，每天都有花儿开放，世界一直都很美丽，如果你感觉不到世界的美丽，是因为你的心不够明朗。很多东西放不下只是徒增烦恼，无论心里有多么不舍，只要它给自己带来了痛苦，抱着不放只会让自己平添不快，其实放下那些看似难以舍弃的东西，就会发现自己的天地更宽广。

给自己找一条新的出路，就好像瀑布正是在没有退路的情境下，鼓起勇气在悬崖之巅上义无反顾地一跳，闯出了一条全新的道路。层层叠叠的岩页上撞击出了万千水珠，在阳光照耀下闪闪发光，这是它的生命在闪光。坎坷的生命因这勇敢的一跳而获得了气韵万千的恢宏壮美，我们在放下的同时，可能也会得到生活给我们的意外馈赠。

放下需要勇气，放不下无疑是一种懦弱；放下需要智慧，而放不下则是一种不明智。生活里有很多东西我们很喜欢，它们也的确很美好，可是它们也许就是不太适合我们。因为不合适，而我们自己却要去强求，结果只是给自己带来了许多的烦恼。也许你是放不下一些丰厚的物质，或者是一个显赫的权位，或者是一种耀眼的名声，或者是一段眷恋的情感，但是用理智来深入地思考一下，这些东西哪一样不是即使得到，最后还是会离我们而去的？更何况有可能追逐一生最终还是双手空空，却在追逐的过程里受尽千辛万苦。如果得到的同时还伴随着痛苦，那何不学会放下，去寻找生命里真正的快乐？

放下需要宽广的胸怀。一个胸怀世界的人，不会总在一些小事上斤斤计较，不会在生活的琐碎里沉沦；一个胸怀世界的人，关心的是人间的疾苦，而不会只为个人的得失耿耿于怀；一个胸怀世界的人，说的话、做的事，出发点极少是为个人考虑，这样的人总是能站在他人的角度来考虑问题，总是能理解他人、尊重他人。

爱也罢，恨也罢，恩也罢，怨也罢，得也罢，失也罢，聚也罢，散也罢，对也罢，错也罢，人世间没有原谅不了的人或事，也没有忘记不了的人或事，人生无非就是在得得失失中沉沉浮浮，在恩恩怨怨中纠纠缠缠，在对对错错中颠颠倒倒，在悲悲喜喜中来来回回，到最后能剩下些什么呢？留下了许多的遗憾，错过了许多的风景，丢失了许多的快乐，积累了许多的伤痕，沉积了许多的恩怨。

乾坤荡荡，繁华历历。不要在迷离的红尘中迷失了生命的方向，不要在琐碎的生活里沉沦了最初的梦想，不要在莫测的世事中遗忘了心灵的善良，看看大自然的美丽，我们就应该明白世界依然美丽，生活也依然美丽，不要在悲伤中放弃了希望，不要在烦恼中难以自拔，不要在愁苦中丢失了快乐。自己的生活自己做主，让自己的心态保持在零状态，把每一次的不愉快遗忘在日落之前，让每一天的快乐开始于晨曦之中，匆匆过客，不要让心灵在寂寞中枯萎。

让我们一起倾听春天的声音

看得见的是丰收，看不见的是耕耘；看得见的是喜悦，看不见的是寂寞。

浪花有意千重雪，桃李无言一队春。初春的桃花，早晨还拼命地抑制着自己新生的喜悦，中午就再也忍俊不禁，放声地开怀大笑起来，笑得坦坦荡荡，笑得无拘无束，让郁积了一年的芳香不停地释放，一直浸透了遥远的山、遥远的水和辽阔的土地，浸透了穿越冬季的人们那份沉重的心情。也许每朵花都有一个信念：要开就开得最灿烂。于是千树万树都是灿烂的笑脸，汇成了春深似海的美丽。

回头看看冬天，想想那凛冽的北风曾经扫荡了一切的鲜花和绿叶，那彻骨的冰雪曾经窒息了一切生命自由的歌唱。但是，一切顽强的生命即使在冬天的层层封锁中瑟缩、颤抖，他们也会在漫长的黑暗与寂寞中隐忍着、坚持着、抗争着，大口大口地吞咽着生命必经的旅程中酸涩的泪水，并最终迎来冰消雪化、万物复苏的日子。

生命就是遵循着这样的规律，也必然遵循着这样的规律——冬天终究会过去，春天也终究会到来。而要迎来美丽的春天，首先必须学会面对肃杀的冬天。没有谁会轻易成功，累积是不可省略的过程。看得见的是丰收，看不见的是耕耘；看得见的是喜悦，看不见的是寂寞。眼泪里泡过的微笑最晶莹，惆怅里沉淀的歌声最动听，迷惘中走出的灵魂最清醒。

生活就是乒乓球，有时能接住，有时会丢球，我们要同时拥有接住球的希望和面对丢球的勇气。风雨袭来，如果不够坚强，也许就会吹散我们的希望；如果足够勇敢，吹散的只能是生命的迷茫。

外面的世界很精彩，外面的世界也很无奈。命运总是会对人们开一些让人始料不及的玩笑，学不会坚强就注定一生与泪水相伴。把软弱转为勇敢，把骄傲转为谦虚，把颓废转为积极，把痛苦转为欢愉，对任何事拿得起也放得下，那些不能化解的、不能消受的，不过这短短的几十年也就烟消云散了吗？若是如此，又有什么解不开的呢？

浮华如梦烟云过，洗尽铅华又一春。世事无常，何苦要用一生的时间去捡拾一些悲伤的回忆？怀念撼动不了什么，地球仍然在转动着。世间的任何事情都无法回头重新来过，无论忧郁或欢欣，无论落寞或雀跃。也许，我们总是在烦恼中仰望幸福，但是一定要相信未知的明天，是美好而值得期望的。所以，当又一个春天来临时，苦也罢，乐也罢，得也罢，失也罢，抖落一身尘埃，让往事凋零，让我们一起去倾听春天的声音，让这春日里的清风拂去我们心中的浮躁。

一个微笑，就足以擦亮流年的暗淡无光；一个微笑，就足以芬芳岁月的酸涩艰辛。

四海之内皆兄弟

对别人越不感兴趣的人，伤害人越深，他一生中的困难也越多。

孤月独明，不如众星朗朗；虎啸一声，不如百鸟唧唧。太阳的仁厚，是把光明与月亮分享；月亮的睿智，是将余晖与星星共有。在这个世界上，人不可以没有父母，同样也不可以没有朋友。没有朋友的生活犹如一杯没有加糖的咖啡，苦涩难咽，还有一点淡淡的愁。与其独自品味寂寞，承受苦闷，不如敞开心扉，把所有的苦与乐、悲与喜都和朋友们分享。

朋友是我们站在窗前欣赏冬日飘零的雪花时手中捧着的一杯热茶，朋友是我们走在夏日滂沱大雨中时手里撑着的一把雨伞，朋友是春日来临时吹开我们心中一冬郁闷的那一丝春风，朋友是收获季节里我们陶醉在秋日私语中的那杯美酒。

朋乃两弯朗月，彼此明朗方可为友。友谊是温馨的，但须用真诚呵护。许诺可分为两种：一种如清茶，倒一杯是一杯；一种如啤酒，刚倒半杯，便已泡沫翻腾。朋友间还是多饮清茶，少喝啤酒为好，承诺时留一点余地，兑现时多一点给予。

若要有优美的嘴唇，就要讲亲切的话；若要有可爱的眼睛，就要看到别人的长处；若要有苗条的身材，就要把食物分给饥饿的人；若要有优美的姿态，就要记住走路时行人不只你一人。如果我们付出了自己的时间、精力、爱心，就会收获真诚和友谊。我们的失败，往往在于不懂得关爱帮助别人。对别人越不感兴趣的人，伤害人越深，他一生中的困难也最多，人类的失败大都出于这种人。

你希望别人如何待你，你就应如何待人。谁都愿意得到别人的关注和重视，当你这样对待身边的每一个人时，你就是一个不同凡响的人了。想要得到真正的朋友，就一定要有不计得失的心态。世上没谁喜欢爱占便宜的朋友，而一个甘心吃亏的人，最终会赢得别人的钦佩和尊重。因此要学会吃亏，不吃亏的人将错过机会，错过朋友，错过爱，乃至错过一切。

有些误解，不谈是个结，谈开了是个疤，唯求内心坦然。不宽恕和原谅他人，首先是苦了自己。永远宽恕他人，不论他有多坏，甚至伤害过你。以宽容代替仇恨是处世的大智慧，是一种生活艺术，是看透社会人生后获得的那份从容、自信和超然，是精神的成熟、心灵的丰盈，也是大家风范的标志。总有一杯酒，未饮人先醉；总有一句话，欲语泪先流。当你很老时也许会发现，眼下的隐忍和宽恕无比睿智。

对什么都看不顺眼的人，疲劳的一定不仅仅是眼睛。不要总用挑剔的眼光看人，更不要总是批评或责备别人，认为只有自己是对的，其实不是别人毛病太多，是我们心胸太小；不是别人优点少，是我们自己缺点多。生活中，我们应尽量理解体谅对方，这比责骂要有益得多。那些私下提出忠告和指出错误的人，才是真正深谙交往之道的朋友。

在那些淡去的岁月里，一路走，一路思，一路愁，一路泪，且行且悟且珍惜着，蹉跎的岁月里不褪色的华彩印记，灌着生命的盐。岁月铭记了生命的沉重，让我们从中学会了宽容和释怀，学会了豁达和从容，学会了舍和取。

虽然人生之路中，我们不断地来来去去、聚聚散散，也许只是擦肩而过，也许是相伴多年；有的散落天涯，早已被存放在记忆的深处；有的朝夕相见，与我们一路穿越岁月的沧桑。

千帆眼底过，四海皆兄弟。让所有的争议全部化解，所有的烦恼全部消失，所有的对立全部颠覆，所有的爱恨全部和谐。爱生活，关爱所有的生命；爱人生，关照所有的一切。原来世界上根本没有所谓的敌人，只要用宽容，用真诚，用爱心去走我们的人生之路，我们就会四海之内兄弟无数。

又是月满西楼，人生何苦闲愁

为什么人们总是觉得痛苦大于快乐、忧伤大于欢喜、悲哀大于幸福？

人生如梦，岁月无情。蓦然回首，才发现人活着是一种心情。生活有进有退，输什么也不能输了心情。穷也好，富也好，得也好，失也好，一切都是过眼云烟。不论昨天、今天、明天，能豁然开朗，开开心心就是美好的一天。

没有过不去的事情，只有过不去的心情。确实是这样，很多事情我们之所以过不去是因为我们心里放不下。比如被欺骗了，报复放不下；被讽刺了，怨恨放不下；被批评了，面子放不下。大部分人都只在乎事情本身并沉迷于事情带来的不愉快，其实只要把心情变一下，世界就完全不同了。

人生就像一杯茶，不会苦一辈子，但总会苦一阵子。不要过分地追求完美，生活不会完美，人不会完美，我们自己也不会完美。很多事情，做的时候只须努力，不必苛求。接受现实，生活不是只有温暖，人生的路不会永远平坦，但只要你对自己有信心，知道自己的价值，懂得珍惜自己，世界的一切不完美，你都可以坦然面对。

人需要一个良好的心态，学会调整和控制自己的情绪，尽量保持精神和身体的舒畅。懂得怎样善待自己，就会懂得去善待自己的家庭和亲朋好友。不管是浓浓的喜悦或淡淡的忧伤，都别太在意，因为欢乐不会永存，悲伤也不会长驻，所以，请好好善待自己疲劳的心灵。

为什么人们总是觉得痛苦大于快乐、忧伤大于欢喜、悲哀大于幸福？原来是因为很多人总是把不属于痛苦的东西当作痛苦，把不属于忧伤的东西当作忧伤，把不属于悲哀的东西当作悲哀，而把原本该属于快乐、欢喜、幸福的东西看得很平淡，平淡得让自己忽略了它的存在。

人们总是梦想着天边的那座奇妙的玫瑰园，而不去欣赏今天就开在我们窗口的红玫瑰。在这个世界上，最珍贵的东西都是免费的，同时也是我们常常忽略的。阳光、月色、空气、花香、亲情、友情，还有信念、希望、意志、梦想……

活得优雅些。也许你的生活并不富裕，也许你的工作不够好，也许你正处在困境中，也许你被情所困，不论什么原因，请你在出门时，一定要让自己面带微笑，从容自若地去面对生活。只要你自己真正撑起来了，别人无论如何是压不垮你的。内心的强大才是真正的强大，用我们的笑容去改变这个世界，而不是让这个世界改变我们的笑容。

要永远坚信这一点：一切都会变的，无论受多大创伤，心情多么沉重，哪怕一贫如洗两手空空，都要坚持住。太阳落了，月亮接着就会升起，不幸的日子总会有尽头，况且即使是在最失意时，也不要灰心丧气，即使头顶的阳光不在，静夜的明月也还在。

用快乐唤醒生命的春天

身在万物中，心在万物上。世界一直很大，只是我们钻进了狭小的缝隙之间；爱一直都在，只是我们的心灵一直沉睡未醒。

千山同一月，万户尽皆春。北风吹过，飞雪飘过，走过漫长的冬天，内心无数次叩问绿柳烟浓花俏枝头的春天。在期盼中，春天终于姗姗而来。春风柔柔，梳理着生命的脉络；春花灼灼，绽放着生命的绚烂辉煌；春水潺潺，日夜不停地咏叹着生命的韵律。绵绵春雨悄无声息地滋润着大地，呼唤着一切生命的苏醒。

大地苏醒了，万物也苏醒了，我们又怎能还沉睡不醒呢？别再沉湎于冬日萧瑟的忧伤，没有长久的渴望等待，哪会有初见春光的展颜？张开我们的双眼，看看眼前的世界吧，苍山着翠、花香倾城之日已如期而来。春天，在我们的眼底、心底，在我们热爱的情怀里。

生活本不易，何必难为之。当我们走不通某条路的时候，我们是不是应该停下来仔细考虑一下要不要好好地聆听一下外面的声音？如果只是一味沉醉在自己的世界里，我们是永远不能融于外面的世界的。走出来，天宽地广！

当生活的困扰袭来，请放下那沉重的负荷，打开那紧闭的窗户，让明媚的春光照进来，让沁人心脾的新鲜空气淌进来，让芬芳清新的泥土气息飘进来。在这融融的春光里，带上我们的开心去青青草地漫步，去翠柳湖畔听风，去百花丛中熏香，去桃林深处染红。

宇宙生生息息，生命纷纷扬扬。别在人生的街头踯躅等待，别在心灵的沙漠寂寞徘徊。蓝天一直都在，只是我们把自己关在封闭的空间；世界一直很大，只是我们钻进了狭小的缝隙之间；爱一直都在，只是我们的心灵一直沉睡未醒。生命没有理由不快乐。释放生命之光，凭借光与爱的力量，绽放自信，将心底潜藏的力量释放出来，实现自己的理想，让人生变得更有价值。

请不要再让眼泪成行，放忧愁去天涯流浪，送悲伤去海角流放。幸福并没有在遥远的他乡，就在睁开眼的前方。让微笑溢满脸庞，让喜悦荡漾心房，放开歌喉欢唱，让快乐的歌声在天际飘荡，让幸福的感觉在心间静静流淌。无论是曾经的沧桑故事，还是往日的挣扎日记，在我们的春天里都会化作和风细雨。把曾经淡做回忆，把现在美丽演绎，期待明天里绚丽的相遇。

人海茫茫，红尘攘攘，我们无须辗转流连；世态炎凉，无须迎合，人情冷暖，不必在意，身在万物中，心在万物上。在沉默的守望里，让微笑静静地绽放，阳光，总会不可抑制地溢满、流淌，直至暖透忧伤。摆渡红尘，穿越心的黑暗，唤醒生命的春天，让心灵如水晶般透明，如彩虹般美丽，让纯净的笑容拂去世上所有的阴霾，忘却烦恼，忘却心灵的煎熬，仰首天空，和着风的舞步，放开希望的风帆，从此，与春风一起漫过沃野，染遍千山，让快乐布满这个蔚蓝的星球。

第四章

静静的心海

平淡的微笑

微笑是一剂良药，也是一面镜子。

微笑，是人类独有的智慧，就像静静绽放的花朵，无声地散发出恬静的香气，感染周围每一个人，既美丽了自己，也庄严了这个世界。

微笑，一个平凡的动作，一个神奇的表情，它能化解多年的积怨，它能改变坎坷的命运，它能传递友善的心意，它能构筑和平的桥梁，它能让阴霾的天空出现灿烂的阳光，它能像春雨一样滋润久旱的土地。

人生之路，难免遇到挫折和打击，不要让外在的环境来决定我们的喜怒哀乐。敢于向失败微笑的人是勇者，勇者会微笑着前行，微笑着面对失败。微笑会化作一股春风，吹走落在心头的尘埃；微笑会像一缕阳光，给自己灰冷的心带来温暖。

微笑是一剂良药，也是一面镜子。敞开心扉，展露笑颜，你会发现，生活终将还给你一片灿烂。平凡的人因有微笑而出众，穷苦的人因有微笑而富有。无论你多么烦恼，多么郁闷，微笑可以使你变得乐观、开朗、豁达、文明、理智、高尚。让我们尝试着从每一个平淡的微笑开始，走向成功。

静静的心海

所有的障碍都在我们的内心里。

生活浩瀚如海，总会有波澜、浪涛、暗礁，但是请别埋怨生活，因为生活本身是美好的，所有的障碍都在我们的内心里。

别让那些自私、狭隘、嫉妒、仇恨的暗礁阻挡了我们的前行，别让那些得与失搅起心浪翻涌，也别让成败迷失了航程的方向。如果有暗流，那也只让感动成为心海的暗流；如果有浪花，也只有感恩的波澜激起浪花朵朵；如果有波涛，也是快乐的歌声荡起的浪潮。

经历过曲折、磨难后的生命会变得更加地丰盈和厚重，在未来的日子里即使烦恼来势汹涌，用豁达的心胸轻描淡写地让它像浮云一样来去匆匆，让那些风风雨雨的往事成为斜挂在天空的彩虹，让那七彩的虹光映照着我们静静的心海。

从容地活着

不论卑微或是伟大，无论贫穷或是富有，都要从容来去，坦然今生。

从容地活着，淡定地活着。不管生活给予我们什么，都要从容地去面对！不要埋怨生活的苦，天上掉馅饼的概率很小。不论卑微或是伟大，无论贫穷或是富有，都要从容来去，坦然今生。

如果遇到困难了，怨天尤人、自暴自弃丝毫不能解决问题，只能徒增烦恼。既然上苍给我们活着的权利，那么我们就要活出一份从容，活出一份美丽。生命是脆弱的，我们选择坚强去加固它；生活是无奈的，我们选择微笑去对待它；活着的每一天都是有缺憾的，我们选择欣赏去完善它。既然活着，就要绚烂地绽放，努力地延长自己的美丽，尽情地舒展自己的生命，仿若一朵花蕊，终究会在岁月的沧桑后在最灿烂的季节盛开最耀眼的自己！

人生就是一个人的较量

大海纵然辽阔，海的尽头还有一片更宽广的天际，所以如果要较量，就和自己的内心较量。

“海到天边天作岸，山登绝顶我为峰。”无论我们觉得自己多么地有才能，或是多么地富有、多么地有权势，请不要总去和他人一比高低，因为无论是财富、权力、声名、相貌、学识、才华……不管是哪一种，都是山外有山，人外有人，大海纵然辽阔，海的尽头还有一片更宽广的天际，所以如果要较量，就和自己的内心较量，在这个世界上你只有一个对手——那就是你自己，自己才是那座难以逾越的最高山峰。

我们常以为外来的帮助最重要，可是实际上发自内心深处的力量才是我们自己熬过冰雪获得新生的力量，所以我们要克服的不是如何恶劣的外在环境，即便是风送花香的日子，我们依然需要面对心灵的较量。

在心灵的较量中，让我们用坚强战胜懦弱，用包容战胜计较，用坦然战胜胆怯，用宽容战胜狭隘，用智慧战胜愚痴，用真诚战胜虚伪，用冷静战胜愤怒，用从容战胜浮躁，用微笑战胜悲观。

当我们克服了自己的种种缺点并超越了自身的某些缺陷时，我们才是真正的勇者、真正的强者、真正的成功者，我们也就真正地成了世界上那座最高的山峰。

善良和勇敢

勇敢可以来自一万个方面，但只有来自善良和道义的勇敢才是真正的勇敢。

这个世界太需要善良了，正因为如此，这个世界也就更需要勇敢。有一种人，他们的确很善良，但又的确很懦弱。他们可以善良地活着，却不能为善良去牺牲。危急关头，严峻时刻，当别人需要援助的时候，他们却不能挺身而出。善良对他们来讲空洞不实。

这使我们懂得了怎样去辨别真正的善良，也知道了善良和勇敢之间的那种联系。勇敢可以来自一万个方面，但只有来自善良和道义的勇敢才是真正的勇敢。

这个世界太需要勇敢了。一切都需要保护，土地、河流、动物、植物、妇女儿童、真理、道德……所以从这个意义上讲，这个世界真正需要的善良和勇敢原是一样多。

坦　然

温柔而平静地注视着你生命中的喜悦和忧伤，让你所有的泪水和欢笑都随风散去。

实际上我们出生的那一刻就已经意味着面对死亡，我们的生与死是不可分割的一体，就仿佛一棵树，有根就一定有枝，有枝也必然有根。

然而，我们却常常为出生而欢喜，为死亡而悲痛。我想如果你真的需要欢乐，那就应该抱定一种坦然，平静地面对生命中的这一切。

温柔而平静地注视着你生命中的喜悦和忧伤，让你所有的泪水和欢笑都随风散去，就像一面旗帜。生命的过程就是飘扬，生命的意义就是飘扬过。不须计较给自己留下了什么，也许伤痕累累，也要学会一笑而过。

宽容走过人世间

沉重在宽容里释放，心灵在宽容里升华。

宽容是对他人温和，给自己一份好心情。宽容意味着尊重、信任、理解和沟通。但是，在现如今的社会里，有许多人却忽略了“宽容”，致使很多不该发生的悲剧发生了，所以我们要不断弘扬宽容的美德。

宽容是洞察。生活中到处充满矛盾，任何人或事物都不会尽善尽美，不要苛求他人，也不要苛求自己，常用宽容的眼光看社会、事业、家庭和友谊，才能使自己有一颗平常心。

宽容是忍让。对于生活中所有的误解和非议，过多地争辩和反击实不足取，退一步海阔天空，让三分风平浪静。忍让不是软弱，是理解，是谅解，是体谅和尊重他人的豁达，是善良的表现；忍让不是怕别人，而是一种非凡的气度，是一种宽广的胸怀，是一种人生境界。沉重在宽容里释放，心灵在宽容里升华。

宽容是忘却。人人都有痛苦，都有伤疤，动辄去揭，更添新伤，难以愈合。忘记昨日的是非曲直、恩怨情仇，让明媚的阳光透过乌云，照耀着自己的心田，它能慢慢地抚平受伤的心灵。放眼明天，来日方长；学会忘却，生活才有阳光和欢乐。

宽容是一种修养。来自内心涵养的体现，是经历忍耐后而升华的一种魅力。它让人格再一次得到升华。宽容的人心如海阔，无边无际，容纳自然万变，敢于面对困难和挫折，以平常的心态面对人生。

宽容是智慧。宽容是人生的必修课，学会了宽容就学会了尊重人，学会了做人，学会了生活，更是学会了善待自己……

宽容他人，善待的却是自己。当你对他人多一点宽容、多一点大度、多一点容忍、多一点体贴、多一点谅解，你自己也就少一些忧愁、少一些烦恼、少一些郁闷、少一些不快，也就降低了耗气伤神的可能。

宽容是一种博大。它能包容人世间的所有的美与丑、善与恶。学会宽容的人，就像阳光一样，温暖了他人，照亮了自己，心灵自然会无比纯净，生活也必然会更加美好、更加快乐、更加幸福。愿宽容像一束阳光，照亮每个人的生活之路，使人与人之间的关系更为友好、更加融洽。

生命的公敌

生命的公敌是我们的无知。

当我们在痛苦的沼泽中越陷越深时，当我们在愤怒的情绪中难以自制时，当我们在嫉妒的心态里渐渐迷失时，当我们在怨恨的泥潭里无法自拔时，请不要把生活中所有的彷徨、苦闷、迷茫、失望归于工作的压力、生活的艰辛、社会的竞争、他人的伤害，其实一切的一切都源于我们的无知。

因为无知，我们在声色犬马中盲目地追逐，在纸醉金迷中一味地沉沦，在尘世的繁华中迷失了方向；因为无知，我们从来没有真正地认识自己，我们因为追求许多错误的东西而错过了许多快乐的时光；因为无知，我们蹉跎了许多宝贵的光阴，在爱恨情仇的恩怨中纠缠不休，在得失成败的计较中烦恼不已，在稀里糊涂中就把生命走到了尽头。

百年光阴，倏忽即逝，生命来之不易，我们需要用这一生去学会深刻地认识生命，让我们怀着一颗感恩的心尊重生命、敬畏生命、珍爱生命，用微笑涂抹生命，用坚强武装生命，用宽容拓展生命，用思想充实生命，用爱心完美生命，豁达、从容、开心地去走过这百年人生。

等待那些明天的期待

只有坚持到最后一步，生活的真相才会水落石出。

有个故事说某人偶然间得到一个紫砂壶，爱不释手，把玩不已，晚上竟抱着壶睡觉。不巧此人梦里翻身壶盖跌落，见紫砂壶缺了壶盖不再完美，便气急败坏地把壶抛出窗外。早晨起来后他发现壶盖落在拖鞋上丝毫没有损坏，想到壶已经破掉懊恼不已，抬脚把壶盖踹碎了。早饭后出门，不经意间看到窗外树枝上正完好地挂着自己那把心肝儿紫砂壶，他不禁号啕大呼："谁来打我一顿吧，求你们了！"

在生活中我们也总会遇到老天爷开的这种不大不小的玩笑，但生活的丰富多变正需要我们用智慧冷静地看透表象背后的实质。很多时候，只有坚持到最后一步，生活的真相才会水落石出。

学会等待，也许明天就会收获意外的惊喜。

给人生献一枝盛开的花

人生就是一次旅行，重要的不是结果，而是沿途的风景及看风景时的心情。

人生的旅行中，起点我们不能选择，终点我们不能逃避，但过程却在我们自己的脚下。

自出生那一刻起，我们就开始了漫漫的人生旅程。没有一条路没有风雨没有坎坷，也没有一条路始终是黑暗没有光亮。不管是阳光灿烂还是风雨交加，在时间的流逝中，都将成为旅程中的一部分回忆，既然选择了就得走下去，只有随时保持足够的信心和勇气，才能不断前进，寻找到更多更美好的风景。

人生在世，各有各的生存状态，各有各的心路历程，也各有各的价值观念，这都是不能强求的。在物欲横行的今天，如果一个人注意调适自我，对物质的追求少一点，对精神的追求多一点，多一份闲云野鹤的生活，少一点尘俗世事的拖累，就可以更从容地欣赏沿途的景色。

人生就是一次旅行，重要的不是结果，而是沿途的风景及看风景时的心情。不同的心情，看到的是不同的风景。再美的风景，如果没有好的心情，就不能感受到其中的韵味。再糟糕的风景，只要有乐观的态度去面对，困难只会成为锻炼的机会。保持一份平和、一份清醒，可以身居闹市而自辟宁静，固守自我而品尝喧嚣。在无论长或短的人生旅程中，全然切断时间的概念，享受悠闲，享受过程。欣赏岁月的沉淀和时间的幽深，不辜负我们不期而遇的各种风景。

在人生的路上迈着温和而刚健的步伐，在渐进中积累回忆和纪念，在没有追悔的期待中完成行程。给自己的生活献一枝花，让我们的生活更加地惬意和洒脱，淡泊名利，与世无争，珍惜眼前的一切，开开心心过好每一天，用欣赏风景的心情迈开每一步，将阳光和风雨都收进背后的行囊，人生的旅程定会丰富而精彩。

看花开赏岁月，让忧愁去漂流

保持好的心态，人生就是快乐的天堂。

人生就像一扇门，有人悲观于门内的黑暗，有人却乐观于门内的宁静；有人忧愁于门外的风雨，有人却快乐于门外的自由。其实，人活的就是一种心态、一种心情，保持好的心态，人生就是快乐的天堂。

没有谁不遇到困难，没有谁不遇到失败，没有谁不遇到不幸和挫折，人生本来就是多样的，有喜，有怒，有哀，有乐。所谓的一帆风顺只是内心的一种祈求和祝愿，人生总是跌宕起伏，困难总会在你不经意间出现，让你感到茫然失措。若遇到困难，愁苦、无奈、彷徨都将于事无补。没有必要忧愁，忧愁只能让自己愁上添愁，还不如坚强一些，勇敢一些，坦然地面对困难，我们的人生就会轻松许多。一切没什么大不了的，笑一笑，什么都会过去。

人生如烟如梦，有人说它清晰，有人说它模糊，茫茫尘世，从一开始就注定会与成败同行，与得失相伴。但是，紧张与松弛，沉重与飘逸，都是生命的状态，坎坷和艰辛中蕴藏着更大的追求。笑着面对悲伤，悲伤会化为动力；笑着面对忧愁，忧愁会化为快乐。让忧愁去漂流吧，生活需要快乐，也应该是快乐的，快乐自己，美丽世界，给别人以快乐，自己也就会快乐。

眼泪遮盖不了愚蠢

与抱怨相比，鼓励、安慰、称赞、谦让、温柔、诚恳都可换得温暖的回报。

曾有人泪眼婆娑地问佛陀：为何我做事总是不成功？佛祖答：因为你没有学会给予。那人争辩道：可我一无所有啊。佛祖说：但你至少还有微笑、善言和善行呀，只要肯于付出这些，好运就会随之而来的。一个人无论多么贫困潦倒，也都具备鼓励、安慰、称赞、谦让、温柔、诚恳，乃至尽己之力助人的能力。与抱怨相比，这些都可换得温暖的回报。

命运从来都不会对谁有偏见，眼泪从来都遮盖不住愚蠢。如果命运会偏爱某些人，那也一定是偏爱那些即使遭受了磨难困苦也没有心怀怨恨，依然以一颗爱心去对待周遭世界的人。因为愚蠢，忘记了内心的善良，甚至说过多少伤人的话、做过多少伤人的事，悔恨的泪水如何能挽回曾经的过往？当多少人早已不在眼前时，我们还能为自己的愚蠢买单吗？

有爱的心灵是琉璃般剔透明净的心灵，有爱的世界是彩虹般美丽多姿的世界。能够帮助别人，给别人带去温暖和快乐，就是幸福富有的人。

走过这个平凡的夏天

人生的成功也许并不是拥有多么辉煌的事业、显赫的声名，而是一种心灵的愉悦。

阳光依旧在蔓延，白日的燥热渐渐消退在黄昏的夕阳下，夜风捧出槐花的清香，花香送来初秋的凉爽，我们从和煦的春风中走到炽烈的夏阳下，又将走向丰收的深秋。也许我们走过的依旧是一个平凡的夏天，也许烈日下我们收获的是一个璀璨的夏季，无论是平淡还是绚烂，我们在流淌的岁月中渐渐从懵懂走向了成熟。

作为日渐成熟的人，你往往会发觉可以责怪的人越来越少，可以埋怨的事越来越少，人生的成功也许并不是拥有多么辉煌的事业，或是多么显赫的声名，而是一种心灵的愉悦。

如果让生命开始倒数，一切是与非、得与失都那么轻薄，曾经的耿耿于怀，曾经的斤斤计较，都显得那么幼稚可笑。当那么多的生离死别悲欢离合一次又一次地深深地震撼我们的内心时，我们终于明白活着本身就是一种极大的幸福。当活着成为最大的心愿时，还有什么不能释怀？在生与死之间，我们的内心对于悲喜已然是静立成墙，不迎不惧。夏天是燥热的，但是，只要内心有一份淡定、一份清凉、一份无争，我们的内心世界就是一方清凉国土。

美丽的夕阳

善待琐碎生活中的每一次日出日落，或许便是对生命的善待。

人生的路漫长而崎岖，走起来坎坷匆匆，过程是痛苦的，结局应该是美好的。用心去斟酌，用心去洞察，用耳朵去感知，闭上眼，静静地聆听季节的风铃声清脆地在岁月的长河里飞扬，莞尔的笑靥在脸庞慢慢绽放，曾经逝去的辛酸和悲苦，都渐渐温馨起来。那些或悲或喜的过往原来都是生命中美丽的华章，绝代风华的容颜里有爱也有恨，有甜也有苦，有笑也有泪。

善待琐碎生活中的每一次日出日落，或许便是对生命的善待。用欣赏的目光善待生命，就像善待一朵花的盛开；用珍惜的姿态善待生命，就是善待一段宝贵的时光；善待生命，就像善待笑容与哭泣，笑和哭的样子都是生活的常态。一只手握住从容，一只手揽住流光，回首岁月倒影中的年华，沧桑已如藤蔓，爬满额角和鬓边，一笔一笔犁出阡陌交纵的沟沟壑壑。无论是回望的泪水潸潸，还是展望的踌躇满志，在无尽的岁月里，一定有太多的峥嵘。

在岁月的流逝中，让我们把微笑当作美丽的夕阳，静看万丈霞光渐渐地隐没在遥远的天际。

一生不能忘记的记忆

能够刻骨铭心的不是曾经的欢愉或辉煌，倒是那些坎坷的岁月记忆。

隔一片时光的海，细数日渐模糊的足迹。每一次的泪水，让我们坚信一切都是成长最坚强的养分；每一次的坎坷，让我们深信一切都是为了让生命的颜色更绚烂；每一次的汗水，让我们体味奋斗的充实；每一次的微笑，让我们相信生命中的阳光会温暖整个世界；每一次的雨水，打湿飞翔的翅膀，却真正让我们明白爱和宽容才是生命中最坚实的力量。

追寻记忆的常青藤，在雨的行吟里，拾起时光里开落的花瓣。青葱岁月里有着太多的美好，却未必用心体会；人到中年，历经了许多人生的悲欢离合，能够刻骨铭心的却不是曾经的欢愉或辉煌，倒是那些坎坷的岁月记忆犹新，曾经的苦难早已在岁月的流逝中盛开成朵朵红梅，散发着悠远而芬芳的清香，在往事的回忆里静静流淌。

傲慢是生命里的一场迷雾

人之所以犯错误，不是因为他们什么都不懂，而是因为他们自以为什么都懂。

民间有句非常贴切的谚语：“低头的稻穗，昂头的稗子。”越成熟、越饱满的稻穗，头垂得越低。只有那些果实空空的稗子，才会显得招摇，始终把头抬得老高。无知是傲慢最肥沃的土壤，越是没有本领就越自命不凡。傲慢的人总是只看到别人的不足而看不到自身的缺点，从而拒绝有益的劝告和友好的帮助，并因此而丧失许多的朋友和机遇。

人之所以犯错误，不是因为他们什么都不懂，而是因为他们自以为什么都懂。有时某些人骄傲是因为他们在某方面的确有卓越之处，或者的确取得过某些成就，但是一定要铭记的是，当老天爷给了我们馅饼的同时一定也设置了陷阱，如果心里总是挂着过去的成就或是自身的某种优点，失败已经离傲慢者不远。

绽放生命的美丽

对与错、得与失，一笑了之；苦与乐、成与败，欢喜受之。

太阳光芒万丈，可它也是有寿命的，无论是多么辉煌耀眼的人物，都只是一茬茬地在历史的舞台上走过。既然人世间大大小小形形色色的官场职场名利场都是一场一场的人生游戏，滚滚红尘中芸芸众生的浮浮沉沉起起落落如庭前花开花谢，似天空云卷云舒，我们又何必反反复复点点滴滴斤斤计较在得失之间，浑浑噩噩混混沌沌地面对世界面对人生？

岁月不再，红颜渐老，趟过千万条河走过千万条路，多少往事早已缥缥缈缈模模糊糊，还有什么放不下？对与错、得与失，一笑了之；苦与乐、成与败，欢喜受之。悲喜都忘，恩仇皆放，何不让生命从种种的羁绊纷扰中解脱出来，做一朵尘世间的逍遥花，铅华洗尽，不染尘色，在透着清凉的湖水边，跃然成画。

秋风不要凉在心里

快乐与美好是一种选择，一种观念。

不远处，杨树叶子落了，偶尔枝条上还挂着几片叶，风卷起尘沙迎面撒来，今年的秋天凉得有些早。

苍白的天空下，灰的枝条伸展着，黄的叶零落其中。巷角里，我看到一个在杨树下跑来跑去的小孩，个头儿好矮，一只小狗在其身后欢快地跟随着。他们跑来跑去，一会儿也不停歇，那脆亮的笑声像水波般漫开。

都说绿意盎然的春天最美，其实这看似萧瑟的秋天同样是美丽的。不要把心情的凉意带给这个美好的季节、收获的季节。快乐与美好是一种选择，一种观念。眼前幼小的他们，那么活泼，那么生动，如此简单的画面，却充满了温暖。

生命究竟何处去

人生重要的并非置身哪里，而是将去向何处。

人生是条单行线，一条只能前行无法倒退的路径。当我们为那些得得失失时喜时悲时，或为那些恩恩怨怨焦头烂额时，或为那些莫名的烦烦恼恼郁闷难解时，想想自己那么宝贵的生命都被消耗在这些无谓的烦恼中，难道我们不觉得冤屈吗？

世事无常，谁都不能确定自己的明天在哪里，但是人生重要的并非置身哪里，而是将去向何处。人生匆匆，是背着欲望和仇恨，走向郁闷和烦恼，还是怀揣爱心，走向轻松与快乐。究竟让自己的生命往何处去，须得仔细斟酌。人生真正宝贵的就是这难得的生命，而不是生命以外的那些财富，更不是那些无聊的烦恼，让自己的生命走向美丽和宽广，走向解脱与快乐，这才是生命最圆满的走向。

让善良无数次地复活

坎坷是为了校正我们曾经对人生幼稚的看法，是为了找回迷失已久的、人性中最光辉夺目的真正的善良。

人生道路多风雨，变幻莫测本平常。百年岁月中，每个生命都会遭遇雨季，每条人生道路都会高低不平；越是坚强而无畏的生命越会遭遇风风雨雨的洗礼，越是不同寻常的人生道路越会经历曲曲折折的雕琢。

生活给了坎坷，不是为了折磨我们或是打击我们，更不是让我们去与埋怨为朋、与仇恨结友，只是为了校正我们曾经对人生幼稚的看法，是为了找回迷失已久的、人性中最光辉夺目的真正的善良。

也许我们会有片刻的迷失，会有偶尔的背离，但是，无论经历多少生活的艰辛、人间的冷暖、世态的炎凉，都要让善良无数次地复活。

让人生成喜剧

有机遇才会有坎坷，有坎坷才会有机遇。

世界上没有一个人是十全十美的，所以，我们既不要抱怨自己的某些缺陷，也不要得意于自己的某些优点，有时优点反倒会成为我们人生旅途上的陷阱，我们会在自鸣得意中忘记了前行的方向。而如果我们有常人没有的某种缺陷时，那些缺陷反倒成为我们前进的动力，我们会因为缺陷而不断地鞭策自己从而获得人生的另一种圆满。

每一种坎坷都可以是一种快乐，一种精神，一种财富，就看你能不能克服它。坎坷不是每时每刻都有的，有机遇才会有坎坷，有坎坷才会有机遇，遇到坎坷，努力地去克服，比别人多克服了一个坎坷，那么就会比别人多收获一些，因为坎坷不是用来阻挡我们的，是用来提高我们、锻炼我们的。能够坚强地走过坎坷的人，他的人生才更加精彩、更加丰富，并且，我们往往可以从坎坷中获得人生的智慧，洞察人生的真谛。

人生的悲剧与喜剧其实不在于我们的生活是平坦还是坎坷，更重要的是我们的心态。如果能有好的心态，始终都保持一份好心情，笑着去面对人生的所有，那么，我们的一生里就永远没有所谓的悲剧。

谁动了我们的快乐

快乐就像是那诱人的糖果，总是在前方不远的地方晃动。

人们都渴望快乐的生活，可快乐就像是那诱人的糖果，总是在前方不远的地方晃动，当我们跑到跟前，却发现它仍在不远处。就这样，不停地追，却连一个糖果都没有抓在手中。于是，很多人一生也不明白，更不清楚究竟是谁动了我们的快乐。

是因为薪水难以满足自己的需求，还是亲人邻里之间偶尔发生的小矛盾，再或是婚姻家庭的不美满？其实都不是。物质只是幸福和快乐的一个组成部分，它不能保证你能以平和的心态与他人融洽相处。不能容纳他人，就会因一点小事，很长时间都闷闷不乐。其实这都是我们的眼和心在作怪。眼里只盯着别人收入比自己高，别人的生活比自己好，人家的孩子比自家孩子听话。心中有太多的不满足就会让快乐离自己越来越远。

都说快乐很简单，快乐却是那么不容易。就像新年愿望一样，假若大象的愿望是希望来年鼻子变短一些，犀牛则希望身材别那么胖，狼的愿望则是多遇上一些懒羊羊，那这些愿望就是不切实际的，就不能称之为愿望而是欲望。同样，人心不足蛇吞象。倘若人对欲望的需要占据了生活的主要位置，那就永远不会快乐。因为你舍弃了人们彼此的联系和关爱。

一直以来，人们只会静静地乞求身边的人给自己快乐，岂不知快乐从来都是自己的，不是别人给的。其实，谁也没有动我们的快乐，也动不了我们的快乐，快乐是生命的本能，也是生活的技巧，它就在我们的心里。

我们往往可以从坎坷中获得人生的智慧，洞察人生的真谛。

记住那些阳光的味道

人生何尝不似这阳光，快乐时有快乐的味道，痛苦时有痛苦的滋味，百味皆从心境起。

清晨起来，一缕温暖的阳光斜斜地从窗户洒进房间，让人感到特别地亲切，特别地明亮。感受着这初春的暖阳，像久违的朋友重逢，照在身上，暖暖的，好舒服，好惬意，也让我浮想联翩。

四季不同，阳光不同，味道各异。春天柔柔的阳光，清新宜人，带着希望，带着生机，带着一份对未来收获的希冀，滋养着世间万物。夏天浓烈的阳光，强烈似火，如化不开的浓咖啡，使人兴奋，让人感觉它无处不在，无时不有，连夜晚都能感受到余威，在喜欢它的同时，又在极力地规避它。秋天的阳光，五彩缤纷，充满着丰收的喜悦，让人有一种清爽宜人的感觉。冬天的暖阳温暖而和煦，阳光洒向大地，如酒般刺激人们的神经，让人产生对温度的激情，似厚重的衣服包裹着人们的躯体，空气也因而少了些许寒意。

人生何尝不似这阳光，快乐时有快乐的味道，痛苦时有痛苦的滋味，百味皆从心境起。没有谁的命运一直铺满阳光，没有谁的人生一路平坦舒畅。我们一路跌跌撞撞地走来，一路上在挫折与痛苦中成长，在坎坷与困惑中进步。从幼稚渐渐走向成熟，我们的心灵在一次又一次的现实与理想的碰撞中迸发出智慧的火花，我们的人生，也就在这每一次的碰撞中激荡出灵魂深处的那份最初的梦想。

生活中不仅有快乐、洒脱和幸福，也会有残酷，当我们身处绝境，感觉生活暗无天日时，于精神是莫大的折磨，于灵魂是无休止的考验。但是，只要我们内心没有绝望，就会有一线光明出现，就像摸到一根救命稻草似的让人兴奋不已。当我们坚强地度过那漫长的黑夜时，就会意识到那一份光明是那么的温馨，那么的甜美，那么的弥足珍贵。

笑看世事变迁，坐观风起云涌，世界上永远没有绝望的处境，只有对处境彻底绝望的人。坦荡些，开朗些，阳光般灿烂的笑靥会驱散我们心头的阴霾，无论我们面临多么艰难的境况，只要永远保持一颗乐观豁达的心，坚持到底，感受到阳光时刻与我们同在，时刻给我们美好的心情，我们就会迎来别有洞天的精彩人生，就会拥有繁花似锦的美好命运。

让生活像一串风铃

生活就是让我们在饱受打击之后，仍满怀期待和热情过活，陌生的下一秒，谁也无法预料得到，只有目标需要去实现。

“浑身似口挂虚空，不论东西南北风。一律为他说般若，叮叮咚咚叮叮咚。”所谓“叮叮咚咚叮叮咚”为人们演说着人生的哲学“苦、空、无常、无我”。说起风铃，最早应该是发现来风的一种装置，它是把一些碎玉石片挂在高处，从而听声知风来，以声音大小来断定风的急缓。

风铃，既有视觉造型之美，又有听觉悦耳的享受；既是居家的小摆饰，也是宗教的重要器物；它可以是轻松休闲，也可以是庄严宁静。风吹来的时候，风铃随之摇响，让我们感觉世间美好而宁静，心中充满了幸福。有的时候，又让人觉得像是听见了声声祝福，唤起我们对远方故乡或亲人的缕缕思念。

“云去月未惊，风过空无痕”，风铃在风来时带来的乐曲，随着风过只会留在有心人的心间，不管东南西北风，还是世态炎凉，它总是向人们回报一种美好。在生活中，我们会遇到这样那样的困难或挫折，就像那严寒的冰雪，还有那烈日骄阳，让我们的生活像风铃一样，一丝的微风便会带来一串很美的音乐。

生活就是让我们在饱受打击之后，仍满怀期待和热情过活，陌生的下一秒，谁也无法预料得到，只有目标需要去实现。虽然它经常令我们感到沮丧与无奈，但我们必须去面对，对于每一个人而言它都是公平的，它不是随风飘移的雨影。让生活像一串风铃，那么任何时候不管什么遭遇，什么结局，生命之中总是有一串铃声。

给灵魂画张速写

当我们给所画的灵魂去掉一点点琐碎、一点点阴暗、一点点灰暗、一点点冷酷、一点点自私，配上适宜的色彩，再给灵魂画一双美丽的翅膀，灵魂就是一个美丽的天使。

在提倡科学的今天，在人们的内心深处，却仍然是相信有灵魂的，我们暂且不讨论灵魂是否真的存在，但是如果让你给他画张速写，那么灵魂具体的形象该是什么样子？

你给他的是和你一样的实体，还是虚无的幻象？是单一地给他某一方面的完美，还是让他成为像人一样具有多方面的复杂体？他所表现出来的是坚强、善良、敦厚、豁达，还是懦弱、凶残、尖刻、狭隘？抑或以上都有包含？

要是我们是用有颜色的笔去画，又该使用什么色彩？是表现生命力、激情、积极、热诚、温暖、警告、危险的红色，还是表现活泼、健康、安慰、放松、成熟、饱满、温暖、快乐的橙色？是表现恐怖、黑暗、不安、罪恶的黑色，还是表现清爽、理想、希望、生长、生命、宽容、大度的绿色？是表现明亮、纯粹、洁净、坦诚、寒冷、严峻的白色，还是表现永恒、美丽、文静、理智、安详、洁净的蓝色？是表现柔和、高雅、宁静、朴素、孤寂的灰色，还是用多种色彩同时完成？当他在你的笔下完成时，他是你心中的真实自我，还是理想中的自己，抑或带着所有负面的形象？但不论你会画出什么样的灵魂，在短时内完成的速写，表现出来的一定是在你内心深处早已形成的大致形象。

当我们给所画的灵魂去掉一点点琐碎、一点点阴暗、一点点灰暗、一点点冷酷、一点点自私，配上适宜的色彩，再给灵魂画一双美丽的翅膀，灵魂就是一个美丽的天使。

带一份好心情去散步

去看看自然风光也好，人生百态也罢，每一次的散步，都是杂味人生的漫旅。

俗话说：“饭后百步走，能活九十九。”我们先不讨论它是否完全正确，但不论我们什么时候去散步，总是希望有一个好心情。去看看自然风光也好，人生百态也罢，每一次的散步，都会带给我们对自然的认识与人生的感悟。

快乐地享受散步，它带给我们的是心胸的开阔和心灵的升华，在那不知不觉间，人们已经习惯了那份平静、悠然与平凡。静静地走着，看着那活泼可爱的小孩儿，他们真实的欢笑也给了我们些许童心；而那活力四射、到处传递着热情与奔放的少年，把少年狂洒遍九州大地；还有那阳刚四溢、如旭日东升般给社会融入了朝阳的气息的青年……是这些给了我们散步的好心情，看着那开心和欢乐在不同的角落生根发芽，微笑便在不觉间浮上脸庞。怀着这份好心情，我体悟到了人间的真实，发掘着人们的善良，享受着世间的真情与幸福。

夜幕下，城市里的灯火让黑暗无处躲藏，给人们延续这如白昼的光明；而乡村的夜晚，给予了自己特有的宁静，漫步在乡间小道，月光给大地披上了一件霓裳，伴随着鸟鸣和虫唱，让人觉得自己与自然是那样的亲近。

享受着人生的乐趣，体味着世间的真情，回味着散步的滋味，让我们带份好心情去散步，继续着杂味人生的漫旅。

简简单单每一天

心素如简，人淡如菊。

大千世界，芸芸众生，社会繁杂，迷惑颇多。回首过往的岁月，感受曾经的点点滴滴，我们理解了人生的坎坷，知道了生命中那么多的人和事对我们的重要，懂得了珍惜，懂得了保持简单的心境，才能活得踏实、安详、幸福。

有些人为了所谓的欲望而放弃一切尊严，放弃做人的准则，然而得到了，又会有更多更高的欲望，无穷无尽，烦恼不断。他们忘了，舍弃贪欲，可以轻装前进；舍弃贪欲，可以摆脱纠缠。舍弃该舍的贪欲，使整个身心沉浸到轻松、悠闲的宁静之中；去做自己想做的事，去做自己该做的事，会使自己更加富有智慧，更加豁达和坦然。心素如简，人淡如菊。人活得简单了，就会很安心，幸福感也就油然而生。

不做灵魂的乞丐

就让我们坦坦然然地经历人生风雨的洗礼，成为灵魂的强者，穿越任何泥泞的道路。

生活就像一条奔腾的江河，有险滩，有暗礁，有巨浪。但即便如此我们也并不希望得到别人的同情与施舍，一味地接受别人的同情与施舍只会让自己越来越廉价，成为灵魂的乞丐，望江河而兴叹，畏缩不前。只有自己成为自己灵魂的主宰，才能冲过险滩，闯过暗礁，踏破巨浪，当然还要有不达彼岸誓不罢休的精神。

既然选择了不做灵魂的乞丐，就让我们丢掉那些懦弱，扔掉那些小聪明，去掉那些浮躁，摒弃那些半途而废，多一点坚强，多一点斗志，多一点坚持，多一点追求，坦坦然然地经历人生风雨的洗礼，成为灵魂的强者，穿越任何泥泞的道路。即便当你觉得筋疲力尽的时候，也不要在最后关头说放手，只有锲而不舍地坚持到底才能获得最后胜利。

人是世上最美的轮回。因为我们每个人都是上苍的宠儿，所以要格外珍惜这做人的机会。有时候我们遇到些困难和坎坷，那不是上苍在为难我们，恰恰相反，那是上苍在磨炼我们的意志，给我们一个锻炼的机会，所以，无论我们遇到什么境况，都要坚强地生活，不做灵魂的乞丐，不向困苦低头，不向命运认输。

固守心灵的荷塘月色

洗去镜上的尘土和污渍，就会呈现它原来的光亮。

我们常说：眼睛是心灵的窗户。那么什么是心灵呢，她是人们内心深处的真实情感，她蕴含着我们的气质而非性格，还有那些说不清的感觉。她有着自己的本质和本能，与我们后天的经验和判断密切相关。她也是生命的能量磁场，能体现生命的生存状态。

我们的心灵原本如月光一样皎洁明亮、无际清凉，像水晶一样晶莹剔透、一尘不染，但随着在社会中的滚打，我们给了心灵一些杂质，就像镜子上落了一层尘埃。多了一份狭隘，少了一些豁达；多了一份烦恼，少了些许淡定；多了一份自卑，少了那份自信；多了一份懦弱，少了那些坚强；多了一份愚昧，少了一些聪慧。其实，只要洗去镜上的尘土和污渍，就会呈现它原来的光亮。

人生会遇到各种挫折，只有使自己狭隘的心胸开阔起来，短视的眼光才能放远；只有使自己烦恼的思绪明朗起来，混乱的思想才能清明；只有使自己自卑的心灵自信起来，弯曲的身躯才能挺直；只有使自己懦弱的体魄健壮起来，束缚的脚步才能迈开；只有使自己混沌的头脑聪明起来，愚昧的幻想才能抛弃。也只有这样，我们自己的心灵才能拭去尘埃、摒除杂质、返璞归真，还以本有的清净无染。

时时地检查自己，反省自我，及时洗去落在心灵上的微尘，保持心灵的寂静、清明、光洁与剔透，让我们好好地固守自己心灵那一片洒有月光的荷塘。

轻松愉快的微笑是心灵的一面镜子

微笑总是与生活密不可分，它包含着丰富的内涵，喜怒哀乐都可用它表达。

微笑的面孔随处可见。有信服的微笑、友善的微笑、爱恋的微笑、娇羞的微笑，有苦涩的微笑、无奈的微笑、礼仪的微笑、职业的微笑，还有虚假的微笑、轻蔑的微笑、嘲讽的微笑、阴沉的微笑、狡诈的微笑。这些微笑或多或少因为某些原因而出现，因为内心中好与坏的思量才表现出来。

不论怎样，微笑是给予别人、映衬自己的语言，是人们面容上的美好表情，更是人与人之间的心领神会、互动感应。微笑总是与生活密不可分，它包含着丰富的内涵，喜怒哀乐都可用它表达。它有时像可敬的老师，能激发想象和启迪智慧；有时又像隐形的套子，让我们不能看清其中的真实面目，更甚者让你感到莫名的恐慌。这就是它的力量。

轻松愉快的微笑，出于内心深处，没有掺杂任何其他感情。有人说只有这样的微笑才是真正的微笑，是发自自己心灵深处的声音，像清洁剂一样，洗涤着心灵的污渍，像镜子一样，照出心中的丑恶。

微笑，就是阳光，它能消除人脸上的冬色。微笑，就是生活的一面镜子，照出的是你的心灵。

生命的高贵在于生活的本身

生活是一部史诗，悠长而富有诗意，有高低回旋，有抑扬顿挫，有慷慨激昂，有悲愤羞恼。

“人最宝贵的是生命，生命对于我们来说只有一次。一个人的生命应当这样度过，当他回首往事的时候，他不因虚度年华而悔恨，也不因碌碌无为而羞耻。”这句话是多么熟悉，它告诉我们生命高贵所在。

生命是高贵的，但高贵并不在于活得有多长，不在于地位有多高、名声有多大，而在于生活是否坦荡、生活的质量是否真实。

生活对于每个人而言都是公平的，生活是条无名的河，是深是浅都要过；生活是首无畏的歌，是高是低都要和。让自己轻松地对待自己，微笑着对待生活。删除昨天的烦恼，选择今天的快乐；设置明天的幸福，储存永远的开心，让开心快乐永远与自己相伴。

生命的岁月如水般逝去，生活也步步前行，它带给了我们如花一样的色彩：让你在挫折与失败中得到锻炼；在讽刺与嘲笑中学会隐忍；在吹捧和赞叹中看清自我；在误解与嫉妒中学会宽容。世上没有相同的两片树叶，更没有一成不变的生活，生命的精彩与平庸、厚道与轻薄、恢宏与小气、光彩与遗憾、思考与空白，都是由自己的生活所决定。如果你想在生命中留下些色彩，那么现在你应在自己的生活中种下花草；如果想要光明，那么就应该让生活充满阳光；如果想要理解，那么就让生活播下宽容。

生命的辉煌是因为生活的精彩，生命中的成功是因为生活中的坚持。在生活中，学会赞赏，它能拉近彼此的距离，鼓励彼此不断上进；学会自我赞赏，它能激发自身的潜能。生活是一部史诗，悠长而富有诗意，有高低回旋，有抑扬顿挫，有慷慨激昂，有悲愤羞恼。生命的高贵就在于生活本身，因为有了多姿的生活，才书写了多彩的生命。

让雪花绽放心灵的温暖

人世间最美的感情是距离，最美的祝福是关注，是沉默，是清白，是不伤害。

曼妙的雪花飘飘洒洒地落在天地间，它用轻盈的飞舞表达了自己对世间最美的祝福，它把这种祝福保持在了冰点，清白来清白去，让这种干干净净的祝福成为永恒的美丽。

晶莹的雪花是人们在寒冬里热切的期盼，虽然它是冰冷的，但它也有自己的温度。它给我们带来的是一种洁白，一种纯净，一种美丽，它一样能给人间、给冬天带来温暖和祝福。

人世间最美的感情是距离，最美的祝福是关注，是沉默，是清白，是不伤害。虽然这看上去有些冷漠，不近人情，但正是这种毫无杂质的关怀充满了无穷的爱意。心灵的温暖来自于心灵的清净，就像雪花的温暖正是来自于雪花的干净。

有些关心、帮助不须说出口，真正的友爱是无言的倾听，是默默的付出，是永远的支持。当我们在纷繁的人世间活得越来越沧桑、世故、圆滑时，去触摸冰冷的雪花，也许那彻骨的冰凉能刹那间让我们醒悟。

不要再说雪花是冰冷的，它舞动的是生命的美丽，它绽放的是心灵的温暖。

无言品西湖

白素贞的知恩报恩、许仙的善良朴实、法海的坚持原则，让人们知道了从不同角度了解人生，奉献自我。

“毕竟西湖六月中，风光不与四时同。接天莲叶无穷碧，映日荷花别样红。”西湖之美人人皆知。绿荫环抱，山色葱茏，画桥烟柳，云树笼纱。逶迤群山之间，林泉秀美，溪涧幽深。西湖不但有如同仙境的美景，也有流传千古的人间真情。一个《白蛇传》——白素贞的知恩报恩、许仙的善良朴实、法海的坚持原则，让人们知道了从不同角度了解人生，奉献自我。今日的《白蛇传》不论怎么写，也改变不了历史上真正的法海禅师，他留给后世的金山寺直到今天仍是佛教禅宗大丛林之一。

杭州西湖的南屏山绵延横陈于西湖南岸，山岭由石灰岩构成，山体多孔穴，加以山峰岩壁立若屏障，每当佛寺晚钟敲响，钟声传到山上，岩石、洞穴等为其所迫，加速了声波的振动，振幅急遽增大后形成共振。岩石、洞穴便随之产生音箱效应，增强了共鸣。同时，钟声还以相同的频率飞向西湖上空，直达西湖彼岸，碰上对岸由火成岩构成的葛岭，回音迭起。这样独有的晨钟暮鼓，佛音梵呗，更是给了西湖一份特有的景致。

人们常说“上有天堂，下有苏杭”，而苏杭的美景就在西湖，她的美不仅是景色之美，更是她的诗韵之美。她带给人们的是心灵的净化，境界的升华，更是对人间的无言奉献。

早安，春天

走过即经历，即财富。

慵懒的冬季在震天的爆竹声中渐渐远去。又一个春天悄然来到我们身边，带来祝福，带来希望。

春是太阳的女儿，而太阳则像一个刚启程的远行者，打点起行装，携带着它最宝贵的财富，以前四个季节的阅历，开始了新的征程。人生亦是如此。在过去的一年里，有悲痛也有欢欣，有失望也有希望，无论怎样，我们都曾坚强面对，一起走过了每一天。

走过即经历，即财富。无论在哪里，我们的努力正是这个社会的努力，我们的福祉正是这个社会的福祉，我们的希望正是这个社会的希望。我们在这个春天的播种，正是这个社会的播种。

千年的春意循环依旧，春天淡淡的温柔里有着无法隐藏的美丽。温暖而不炙热，明媚而不妖邪，宽容而不放纵。她用坦然宽厚的笑容，解释了所有的期待和向往。这是一个充满朝气的季节，所有的希望都在这里萌芽。春风柔柔地吹化了冰雪，吹散了薄雾。春天的歌声穿过叠嶂的尘世，唱绿了石缝中的小草、江边的树林和庭院的青苔，唱来了南飞的大雁，唱醒了沉睡中的青蛙，唱出了一个多彩多姿的世界。

让我们怀揣着一份阳光的感动来拥抱春天，把春的消息化作满腔憧憬，把心的祝福化作满怀豪情，在春天播种下汗水浸润的信念，到秋天去收获那果实累累的希望！在这样美好的季节里，让我们真诚地道一声：早安，春天！

笑一笑，海阔天空

人生本来就是修行的过程。对与错，成与败，都笑一笑，不必执着。

人生在世，总是难免犯错误，但是人往往能原谅自己，却很难原谅别人，所以自省很重要，人生本来就是修行的过程。第一，我们要学会反省，反省自己的错误，反省自己的内心是否光明，反省自己的善良是否一直未曾遗失；第二，我们要学会理解，因为只有理解别人，才会被别人理解；第三，我们要学会宽容，因为人生在世谁能无过呢，人无完人；第四，我们要学会付出，因为只有付出才能得到回报；第五，我们要学会知足，因为只有这样才真正地享受到了自己拥有的一切，才没有辜负自己所拥有的一切；第六，我们要学会快乐，因为只有开心度过每一天，日子才没有虚度，生活过得才精彩。

人们往往太在意别人如何看待自己，总是被他人的眼神、外界的阴晴左右自己的心情。不要害怕做错什么，即使错了，也不必懊恼，人生就是对对错错，何况有许多事，回头看来，对错已经无所谓了。这世上，有时笑笑人家，有时让别人笑笑自己，放轻松，给自己快乐，也给别人快乐。对与错，成与败，都笑一笑，不必执着，当我们对一切都能付之一笑时，我们已经拥有了一片无限宽广的天空。

月圆柳梢头

以欣赏的目光解读岁月那一道道伤痛，那便是一本使我们变得坚强、豁达、开朗、成熟的教科书。

一年又一年，花开花落，春去秋来，无不在讲述着光阴的故事。日升月落，沧海桑田，无不在演绎着岁月的传奇。一年又一年，几多忧乐，几多成败，几多感慨，几多无奈。日子就这样像流水般飞逝着，人生不过百年，在这转瞬即逝的岁月中，我们能留下点什么？是美好的回忆，是无尽的悔意，还是索然无味不堪回忆的过去？

一年又一年，走过春日繁花满地，走过夏天骄阳似火，走过金秋天高云淡，走过严冬白雪皑皑，岁月在季节的交替里悄然而逝。蓦然回首，流年似水如烟，那些经过时光漂洗磨砺的痕迹，在七彩斑斓的阳光下显得那么温馨，那棵安定、缓慢成长的小树，在不经意间结满了硕果，那首一直没有唱出来的歌，也随着岁月的流逝流出了动人的旋律。

从婴儿呱呱坠地的第一声啼哭开始，一个人的一生就开始了时间的丈量。咿呀学语、姗姗学步，走过童年、少年，走过生机勃发的青春岁月，稚嫩的脚步也在四季的往复中不断变得坚实、有力。当我们回首往事，所有的坎坷、曲折和所有成长的欢欣无不丰盈着我们的记忆。春绿秋黄，四时往复，那写在每一季的色彩，不正是如歌岁月里的美妙音符吗?

一年又一年，岁月摆放在案头，镌刻在额头，珍藏在心头，爬上鬓角，青丝飞雪。说不尽的沧桑，道不尽的喜怒哀乐和悲欢离合。一年又一年，我们为身边的亲人、朋友、同事营造了多少朵笑脸?我们为远方的朋友拨通了多少次祝福?

过往的岁月里，有幸福灿烂的点滴，有和谐愉悦的心情，有不懈努力后的收获，有属于每个人的美好时光，有过遗憾与不满，也有过泪水与伤害……沉重的生命之轮将我们曾经柔弱的身躯反复碾压成一块“百毒不浸”的老树皮，它那斑驳的纹路是风摧、雨浸、雪压、霜欺下无数次重压的记录。如果我们经常将它捡起来以欣赏的目光解读那一道道伤痛，那便是一本使我们变得坚强、豁达、开朗、成熟的教科书。

一年又一年，季节的转换，并没有换走那一种心境，人的一生总会有错过的缘，转身的情，失落的梦，离别的痛，不变的追逐变成空盼。人都会这样，心情像浮云，散落天涯，缥缈而无所依，别难过，安安静静地感受蔚蓝就在头顶上，安安静静地感受这自由自在。离别总有时，相逢总有时，没有风雨的凄迷，便没有七色彩虹的绚丽。不道离情苦，不道世易时移，只道夜半雨，天已明，人间正道是沧桑。

一年又一年，有的人穷得只剩下一身骨气、一腔志气，还要努力拉住成功的手，不放弃；有的人赔得仅攥着一分硬币，甚至两手空空还做着如何东山再起的梦，不服输，不气馁。只要心中有生生不息的希望，成功就会在下一个时刻实现。

一年又一年，不要忘记父母的殷殷希望；一年又一年，不要辜负师长的谆谆教诲；一年又一年，尽最大的努力去实现自己的梦想，莫留遗憾在人间；一年又一年，少索取，让我们活得更加知足、更加自在；一年又一年，多奉献，哪怕是一个笑脸、一句赞叹也能将爱意播撒人间。

一年又一年，曾经笑靥如花的面颊虽已不再明妍，曾经身轻如燕的躯体虽已有些笨拙，曾经流转如波的眸子也有点浑浊，但那颗心仍鲜活、灵动。感谢岁月，使我们在这纷繁的人世间练就一颗平常心，岁月的磨砺，让我们的人生多了一份豁达，多了一份从容。在生活中，学会了只采撷快乐和幸福，摒弃烦恼和忧愁，只储存情谊和善良，忘却仇恨和恩怨，只容纳淳厚和平和，拒绝苛求和是非……

一年又一年，虽然生命的线在时间的脚步下越来越短，我们却可以随着时间变得越来越成熟和淡定。懂得珍惜我们的拥有，用宽容的心去享受生活；一年又一年，我们不能阻止时间的脚步，也就只有加快自己的步伐，努力地跟上，在生命消失的时候我们无悔，便足已。

“菩提本无树，明镜亦非台。本来无一物，何处染尘埃?”人打从来到这世界，本就空无一物，心无念，影无形。正如佛说，看着世间生机盎然，带不走，放不下，何必挣扎太多、思虑太多，枉来人间？单纯地看待这尘世，自有一分安然。

一年又一年，新的一年又开始了，昨日种种随风而逝，今日种种悄然而至。拈一片春萌的新叶，清晰的纹路里写满了生命的欢欣；掬一捧荷塘流波的清影，跳动着夏日流泉的甘爽；品一杯中秋月圆的美酒，唇齿间溢满五谷丰收的香醇；沐一场飘进记忆深处的雪，便会在梅花含笑的枝头，看到春的消息。新的一年，新的起点，忘却昨日的忧伤，怀揣美好的愿望，去完成内心深处憧憬的希望，去谱写更加灿烂、更加辉煌的篇章。

水月一梦尽繁华

往事再美好，都已经尘封，无须惦念；曾经再沧桑，皆已成浮云，不用挂怀。经历得多了，心就坚强了，路就踏实了。

星汉迢迢，光阴漫漫，当岁月如水般流逝，往事一幕幕在脑海里流转，也许是刻骨铭心的，也许是转身就忘的，无论是何种，过去的一页，能不翻就不要翻，翻落了灰尘会迷了双眼。人生匆匆，回头望望在路途上得到的珍惜了，失去的祝福了，那么在蓦然回首的刹那，虽然生活充满错落遗憾，但依旧充满独特的美感，如山冈上那轮静静的弦月。

我们没有一个人能够擦掉生活过的痕迹，同样也不能重新再生活一次。不必苦苦追溯一段往事的意义，它发生了，它存在过，就是它的意义。很多事情，过去了就让它过去，不要抓住回忆不放。断了线的风筝，只能让它飞，放过它，便是放过自己。

有些事注定成为故事，有些人注定成为故人，有些路注定要一个人走。一些人，一些事，闯进生活，得到的，失去的，昨天的悲伤，今天的快乐，喜怒哀乐都要记得。当这一切都成了回忆，在我们记忆中又会留下什么？很多事，过去了，很多人，离开了，经历得多了，心就坚强了，路就踏实了。自己说过或做过的伤害别人的事，有可能转眼间就忘得一干二净，而别人说过或做过的伤害自己的事却一辈子都记得清清楚楚。活着是件不容易的事，既要承受种种外部的压力，更要面对我们自己内心的困惑。怀着一颗感恩的心，宽容待人，忘记别人的错误吧，这样走在人生路上会轻松很多。

要记得别人对自己的好，哪怕一点点的好，也要怀在心里，当作一种感恩和一种铭记。而这种好，不是理所应当，而是出于一种善意与爱意，即使这种好包含着不纯粹的利益成分，彼此心知肚明。把自己的私心收起，虽然有时候付出和收获的不成正比，但是，无论如何把善良坚持到底。

生活里，有很多转瞬即逝，像在机场的告别，刚刚还相互拥抱，转眼已各自天涯，甚至有可能从此再无见面的机会，所以，很多缘分一定要珍惜。处世还是多些包容、多些理解，让自己的人生少许多遗憾。人只要生活在这个世界上，就会有很多烦恼。但是，痛苦和快乐取决于你的内心。再重的担子，笑着也是挑，哭着也是挑。再不顺的生活，微笑着撑过去了，就是胜利。多笑一笑，你的人生会更美好。一定要让自己微笑如花，只有具备了淡然如花的人生态度，任何困难和不幸才能被锤炼成通向快乐的阶梯。

红尘云烟，浮华即逝，往事再美好，都已经尘封，无须惦念；曾经再沧桑，皆已成浮云，不用挂怀。当初的故事如断了线的风筝，攥在我们手心的，只是一些或冷或热的回忆。走过了春夏秋冬，走过了繁花似锦，也走过了风雨霜雪。没有人能够丈量自己的脚步，生活也没有前后眼。再回首，杂乱的路面，已无法确认印记的歪正，但是只要有口气，还得往前走。今天的征程已经起步，那无数的追寻和向往，在我们心头振翅欲飞。走吧，别回望，别眷念，别踌躇，冬季终究过去，春意总会盎然。

歌，也随着岁月的流逝流出了动人的旋律。

有微笑才叫过年

一个人没有一份好心情，物质上再富有也是“匮乏”。把微笑送给自己，学会为自己擦洗伤痛，在生命之旅中我们必须拥有这样一种风度。

“南国春来发几枝，水岸桃花正飞时。”冰雪已经在悄悄地消融，阳光笑靥浅浅，风儿多情咏唱，春天正朝我们走来。

春日的暖阳一览无余地温暖着大地，将枯草点亮，把绿色从冬的沉睡中唤醒。一簇簇新绿，是春天希望的萌生，是大地重燃生命的讯息。迎着春风，坚信一路流淌欣欣向荣的芳香，坚信身后浓荫簇拥的繁茂，只要春风吹拂过的地方就会缤纷，就会斑斓。

一年的辛苦就要结束，一年的奔波也该止步，一年的期盼都化作满足，一年的忙碌变成幸福。过年了，明天又将是新的起点，我们应该怀一种喜庆，应该持一份欢欣，心中洋溢着幸福，脸上携着甜美的微笑，去迎接新的曙光。

别羞涩转身抹泪的情景，别羞涩风中彷徨的身影，别羞涩路口迷茫的眼睛，给自己一点掌声，我们也曾勇敢地抬起头颅迎向朝阳，也曾从容地迎着风雨走过沧桑，也曾友爱地伸出双手传递善良。迈出勇敢的一步，虽然偶尔也会对过去的忧伤做一个眷恋的动作，那些一路散落的欢欣或低泣，迎着风，迎着斑斑阳光，变得清晰，变得幸福。当岁月的风霜开始染白双鬓，展开青春的断面，数着自己的年轮，我们要因认真地活过每一圈而无比自豪。

别让抑郁成为前行的羁绊，别让懦弱停滞了心灵的畅想，别让繁华迷离年轮的眼神，别让诱惑放弃了守望的承诺。一年来，在忙碌、疲惫的都市生活中我们总是忽略了自己，何不留出一点微笑给自己呢？把微笑送给自己，不要把太多的心情透支。

一个人没有一份好心情，物质上再富有也是“匮乏”。把微笑送给自己，学会为自己擦洗伤痛，在生命之旅中我们必须拥有这样一种风度。失败与挫折，仅仅是生命过程中的记忆，只会使我们更加成熟；失败与挫折，只不过是名词而已，不会增加生命旅程的负重。带着伤痕给自己一点微笑，笑对苦难，活出人生中的精彩！

把微笑送给自己，学会给自己一份从容。面对霓虹闪烁的都市，会欣赏但不会沉迷；面对袭来的风雨，会应对但不会逃避。虽然不能停下奔波的脚步，但是会掌握行进的节奏，无论是失败还是成功。何不学学灰太狼的执着，为了一点简单的幸福，为了可以吃到一餐美味的羊肉，屡次跌倒，屡次被平锅底拍得鼻青脸肿，那慢半拍的脑袋，却一直装着足够坚强的意志。“我一定会回来的”，为了生存，喊出的绝不是一句空洞的口号，面对生活，我们就应该永不放弃。

有了困难，给自己一个微笑，不气馁，不言败。给自己一个微笑，让心情变得舒畅；给自己一个微笑，让心胸变得开阔；给自己一个微笑，让生活变得更加美好。

有微笑才叫过年。送给自己一个微笑，一个发自内心的微笑，让自己时时快乐，你的人生一定是美丽快乐的人生，而你就是最幸福的人。送给自己一个微笑，打扮了自己，美丽了世界。

行者不寂寞，寂寞也洒脱。走过多少泥泞的路，挨过多少绵绵雨季，越过多少坎坷，流淌多少意志。在新年的黎明来临之际，让我们恭敬地站在春天的面前，与春风欣然相晤。把手摊开，把比天空还高远的心打开，以宽广的胸怀接住春的声音，坚强地咽下苦涩，舒展紧皱的眉头，用最灿烂的笑脸伴着和煦的春风给我们所有的朋友拜年：新春愉快，幸福连连！

第五章

从容谢铅华

平和中走过风雨

真正平和的心是一颗积极向上的心，是对生活的乐观和豁达。

人生的道路上必然要经历风雨，充满坎坷和不平。如何看待如何作为，造就美丽的人生，成就精彩的自己，全由自己把握。把握好人生，才能享受生活。

拥有一颗平和的心，就不会再因为别人的言语而黯然伤神；拥有一颗平和的心，当面对所有的人或事时，都能够理智冷静地去做出决定，不会再一惊一乍；拥有一颗平和的心，我们更能看清楚自己，既看到了自己的优点，也看到了许多的缺点，面对自己的长处，不骄傲，面对自己的短处，不再自卑；拥有一颗平和的心，就会被人误解而不怒，以宽厚仁爱之心对待别人，这个世界会因为平和而更加祥和安宁。

以一颗平和的心来看待这个世界的一切，我们就会从中得到受益匪浅的快乐和心灵的解脱。在善待他人和拥有一种宽容的心态去看待事物的同时，心理就能够达到平衡，心态也就随之平和。拥有一种平和的心态，遇到挫折就不会气馁，平和明朗的心态会让我们远离消极，避免冲动，清除自身的不足。

也许这种平和会给人一种颓废的感觉，安于现状，不思进取。但是真正平和的心是一颗积极向上的心，是对生活的乐观和豁达，是对思想品德的更高追求，是对精神世界的不断丰盈。在平和的心态里没有急功近利的浮躁，没有一得一失的计较。平和是一种面对纷繁琐碎生活的安之若素，是一种面对世事变幻莫测的泰然镇定。平和心态的下面蕴藏着一股力量，那是对生命的珍惜。拥有平和的心态就会拥有一片明朗宽广的天空，所有人生路上的风雨都会化为美丽的彩虹斜挂在这片无垠的天空。

美丽命运

命运原本美丽，只是需要在坚强中体现，在从容中展示，需要在坦然中还生命以本来，在阳光的笑容里展现生命的风采。

岁月无古今，情怀自浅深。我们跌跌撞撞地行走在各自的生命里，情如潮水，潮涨潮落，人如浮萍，缘聚缘散。当平淡而充实的日子轻轻滑过指尖，循着记忆的通道回溯，无论过去有多少喜怒、哀乐，多少遗憾、得失，多少是非、恩怨，都应将一切封存于旧历，就让那如烟往事随雪而化、随风而散、随烟而消。命运原本美丽，只是需要在坚强中体现，在从容中展示，需要在坦然中还生命以本来，在阳光的笑容里展现生命的风采。

命运因坚强而美丽。武则天当皇帝后的一年冬天，在上苑饮酒赏雪，回宫后酒兴未消，在白绢上写了一首五言诗："明朝游上苑，火速报春知。花须连夜放，莫待晓风吹。"写罢，让宫女拿到上苑焚烧，以报花神知晓。第二天，除了牡丹外，果然是百花齐放。武则天见牡丹未开，大怒之下，一把火将所有牡丹花烧为焦灰，并将别处牡丹也连根拔出，贬至洛阳邙山。遭此生命重创，牡丹依然执着地追求那份高贵的尊严，以顽强和坚韧在偏僻凄凉之地盛开了一片惊世的风景，大紫大贵的喜气溢满天地之间。没有曲折的过程就锻就不了沉稳刚强的意志，唯有在磨难中方能绽放别样的美丽！生活也许会给我们诸多磨难，我们却可以用坚强化多舛为精彩，让命运因坚强而美丽。

命运因从容而美丽。事从容有余味，人从容有余年。以云淡风轻的从容心态去面对生活的诸多变故，那么即使生活总是起伏不定，内心也依然波澜不惊。从容地面对权力、金钱、成功、失败，从容地面对爱恨、生死，让生命在生活的斑斓中淬火，铸炼一颗沉稳坚强、广博从容的心灵，告别申诉求告的软弱，告别锱铢必较的卑微，告别患得患失的怅惘，告别睚眦必报的狭隘。权力、金钱、声名、地位像一口深井，禁锢着人们的视线，像一把大锁，封堵了一扇通向缤纷人生的大门。走出深井，天空是如此的广阔；打开锁钥，门外的世界是如此的多彩。从容地面对一切，给我们的人生最纯净的空气、最畅快的呼吸，让我们的人生惬意洒脱如一棵自由成长的大树，活出自由，活出轻松，让命运因从容而美丽。

命运因坦然而美丽。“天空留不下我的痕迹，但我已飞过”，坦然造就美丽的心灵，美丽的心灵彰显美丽的生命。

坦然，是一种失意后的乐观；坦然，是沮丧时自我的一种调整；坦然，是困苦中的一份自信！在人生中，许多的沉浮与得失，并不是我们能预料到的，很多的事情也并不是我们所能逃避的，无论是努力还是放弃，无论是愿意还是排斥，人生总会有许多的不尽如人意，或多或少的遗憾点缀了生命旅途的风景。既然如此，我们还是坦然地面对为好，只要我们努力去做，求得一份付出后的坦然，其实我们就已经享受了人生的乐趣！如果失败是一种人生经历，那么这种经历却会使我们成熟；如果说一个人的成熟必须历尽沧桑的话，那么沧桑充满了魅力。坦然面对人生的荣辱沉浮，让命运因坦然而美丽。

命运因知足而美丽。不要对生活有太多的不满：饭菜是太咸或是太淡，衣服是好看或是难看，天气是太热或是太冷，只要怀着一份知足的心态，让自己的内心容易满足，在极普通的一天里也能找到那份完美的生活。不要对生活有过多的挑剔，不要过多地去分别物质的贵贱、好坏，也别用一双火眼金睛去分辨他人的善恶、美丑，那么生活看起来会更美好。

不是只有名贵的兰花或艳丽的牡丹才能得到人们的赞美，只要是盛开的花儿，哪怕是路边极不起眼的野花，只要是怒放的生命，那么就都值得我们去赞美；只要有人为我们带来了歌声，哪怕只是一曲简单的乡间小唱，我们也为这朴素的歌声报以开心的笑声和热烈的掌声；只要有人送给我们礼物，哪怕只是一张卡片、一个笑容，我们心中也要充满感激，让命运因知足而美丽。

走过风雨沧桑，岁月的风霜洗净前尘往事，记忆的点点滴滴里早已遗忘了所有的忧伤愁闷，洒落的是一地淡淡的馨香。也许我们的心灵已沉睡了许久，放下狭隘，放下执着，放下困惑，解放我们的心灵，美丽的心情、美丽的心态、美丽的笑容会让我们拥有美丽的命运！

走过那些难忘的流年

蝉坠清露，蝶落寒霜，聆听岁月剥落的天籁，笑看曾经的苦难。

世事难料，人生无常，生活从来都不会是一路欢歌笑语，也许生活中琐碎的事会让你烦恼压抑，突如其来的变故让你无所适从，从天而降的疾病让你备受煎熬……但生命的意义就在于享受不断追求、不断克服、不断超越的过程。

流年的时光在悄悄逝去，柳梢的叶子已渐黄，蝉坠清露，蝶落寒霜，午后的阳光虽然明亮，斜晖的长笛已经吹响，聆听岁月剥落的天籁，笑看曾经的苦难化为昨夜天空中最耀眼的星光。在苦难的历程里，让我们用坚强唱出生命里最嘹亮的歌声，勇敢地在人生的海洋里搏击风浪！

你好，过去！

每一次生命的轮回，都是一个花开花落的过程，花开的时候尽情绽放，花谢的时候还会有一地的落英缤纷。

当那一首熟悉的歌谣再次飘过耳畔，仿佛久远的岁月踏歌而来——荡着双桨，推开记忆的小船，走过海面倒映的美丽白塔，走过四周环绕的绿树红墙……

生命就像是陀螺不停地旋转，我们终会从现在的风华正茂走到两鬓如霜的耄耋之年。当我们在岁月的旅途中已经走了很远很远的时候，回想起曾经的岁月和难忘的瞬间，不管是喜怒哀乐还是困苦磨难都会淡然地回首一笑。多少楼台烟云，多少辛酸无奈，都会在这回首一笑中随风而逝。每一次生命的轮回，都是一个花开花落的过程，花开的时候尽情绽放，花谢的时候还会有一地的落英缤纷。

对于岁月，我们只有虔诚的感激：感谢红尘的纷繁喧器，让我们明白真正的宁静在心灵的深处；感谢俗世的曲折坎坷，让我们拥有了昂扬向上的精神；感谢曾经的聚散离合，让我们懂得珍惜生命里每一次花开花谢月圆月缺；感谢曾经的悲喜愁苦，让我们把生活咀嚼出酸甜苦辣、咸淡浓烈的种种滋味；感谢青山绿水，让我们享受了风花雪月。于是在感激中所有的日子都变得轻松，所有的负重都转为甜美；于是所有的过去都成为美好回忆，于是面对今天不再无奈，面对未来充满美丽的憧憬和坚定的信心。

曲曲折折人生路，高高低低总百年

柔弱胜过坚硬，无为胜过有为。

直木先伐，甘井先枯。智者懂得如何把自己隐藏起来，藏得如此巧妙，既让自己安全也让别人放心。智者未必不成功，只是懂得低调行事。

“水往低处流”是智慧之“水”往“低处”流，“人往高处走”是汲饱了智慧之“水”的人才走向的境界。如果把我们的人生比作爬山，有的人在山脚刚刚起步，有的正向山腰跋涉，有的已信步峰顶，但此时，不管处在什么位置，请记住：在浩瀚的社会里，每个个体都只是一个小分子，无论处境如何，都要在人生舞台上唱低调，在生活中保持低姿态，把自己看低些，把别人看重些；把人生起点放低些，把奋斗的目标看高些。即使“会当凌绝顶”，也要记住低头。因为，在你所经历的漫长人生旅途中，总难免有碰头的时候。

老子说，当坚硬的牙齿脱落时，柔软的舌头还在。柔弱胜过坚硬，无为胜过有为。我们学会在适当的时候，保持适当的低姿态，绝不是懦弱和畏缩，而是一种圆融的处世之道，是人生的大智慧、大境界。

悠悠人生路

与其纠缠于生活上的琐事，不如从容谢铅华。

生命，很长，因为我们要尝尽所有的酸甜苦辣；生命，很短，也许某个时刻就会瞬间陨灭。匆匆疾走的日子，有时是一樽烈酒，有时是一杯红茶，有时是一朵清雅的百合，有时是一枝娇艳的玫瑰，有时是冷冷冬日里一片温暖的阳光，有时是炎炎烈日下一树浓密的荫凉。

悠悠人生路，从容谢铅华。行走在人生的旅途上，不必计较过去的得与失，对与错，爱与恨，也不必埋怨命运的无常和旅途的坎坷。与其纠缠于生活上的琐事，不如像云和水一样，从容地面对人生旅途中的花开花谢、沧来桑往。坚持自己的初衷，走着无悔的路，以一种安详的方式，从容地抖落一身灰尘，在一场夏雨的面前，让我们用感恩的心勇敢生活、快乐生活、珍惜生活、用爱来生活。

不要让生活的信心沉默

人生不相信眼泪，命运鄙视懦弱，今天的太阳落下，明天照样升起。

希望是火，失望是烟。生活却总是一边点着火，一边又冒着烟。有时理想和现实总是相距那么遥远，多少次筑起的梦想堡垒，被现实一次次地摧毁。要明白困难和不顺在所难免，少一些失落，多一份清醒，给自己一份执着。人生不相信眼泪，命运鄙视懦弱，如果总是沮丧，生活便是荒芜的沙漠。

不要奢望生活中总是春风拂面处处芬芳，即使有时生活是连日的阴雨不晴，我们的内心世界也要保持阳光和花香。不要在艰难的岁月里一心渴望他人的呵护与帮忙，我们的双肩可以瘦弱，但是一定要学会坚强，因为生活中所有的风雨都需要我们自己去扛。即使有一千个借口哭泣，也要有一千零一个理由要坚强；即使只有万分之一的希望，也要勇往直前坚持不懈，因为，今天的太阳落下，明天照样升起。

无论面临怎样的困苦，都不要让信心沉默，让生命里的希望从春天的心脏萌芽，用一种岁月的透绿，带着温馨的芬香，点燃生命朝气蓬勃的万道光芒。

泪眼朦胧，正是扬帆起航时

人生在承受各种痛苦的过程中，才得以展现非凡的毅力，并由此显示独有的尊严。

如果你没有哭过，你的眼睛就不会迷人。只是当眼泪流尽的时候，留下的才会是坚强。尽管痛苦会随着生命而来，却不能让生命屈服，反而使人生在承受各种痛苦的过程中，得以展现非凡的毅力，并由此显示独有的尊严。

请不要责备岁月的无情、生活的残酷，请不要埋怨人情的多变、世道的难测，请不要用泪水来作为不幸命运的反抗，生命里需要的是一双坚强的臂膀，扛得起身前背后议论的纷纷扬扬，扛得起人生道路险阻的迷迷茫茫，扛得起未知旅途的莽莽苍苍。谁都可以放弃我们，唯独我们不该放弃自己。

所谓笑容，就是笑着去包容。与其怨怼老天，不如心怀感激，当其赐给你荒野山崖时，也许意味着相信你能成为振翅高飞的鹰。

生命是孤独和美丽的坚持

成功的辉煌是多数人期待的，成功前的努力和等待却只有少数人能坚持。

在海拔四千多米的南美洲安第斯高原，有一种极美的普雅花，它一生只有两个月的花期，却要等上整整一百年。在漫长的等待中，它只是静静地伫立着，栉风沐雨，在岁月无声的流淌中始终以一种坚忍的姿态守候着生命绽放时那惊天一刻。历经百年沧桑，只为生命刹那的辉煌，对普雅花而言，等待是一种美丽而悲壮的坚持。

成功的辉煌是多数人期待的，成功前的努力和等待却只有少数人能坚持下来。生命是奋斗的过程，也是不懈坚持的过程。我们需要的是平和的心态，在等待中积蓄力量，最后像普雅花那样静候生命灿烂盛开。

你能走别人没有走过的路，你就能看到别人没有看过的风景；你能付出比旁人更多的辛苦和努力，你就能得到别人没有的收获。隐忍的姿态如水滴石穿，平淡里透着顽强的定力。每个人都要经历毛毛虫阶段，太早从蛹里爬出来，就很难有发育完全的翅膀。世界很美，但要懂得忍耐和等待，只为蓄足那一飞冲天的力量。

半生旅途

我们不可能永远都获得，也不可能永远都失去。

青春的案头，任意一张肆意纷飞的旧画面，都是落落年华揉碎的精彩剪影。时光沉浮，恍若一段平平仄仄的乱码章节；年华兜转，云淡风轻地匆匆翻到下一页。来不及怀念，来不及告别，就这样度过了旺盛奔腾的年年岁岁……

往事回首，烟雨朦胧，曾经属于自己的时光，无论多么辉煌，无论多么沧桑，都已成为过去，我们只须怀一颗感恩的心，在心中看淡所有的得失。

得与失之间谁能说得清哪一个对我们更有意义？得到了、成功了固然欣喜；失去了、失败了又何尝不是另一种收获？我们不可能永远都获得，也不可能永远都失去，得与失之间总有和谐相处的那一点，就看我们的内心如何去衡量。其实，如果我们能够站在一个更高的角度来看，就会发现其实一切皆是非得非失，百年后都是云烟。

人到中年，琐事缠身，能够以坦然的心境面对才是真正的睿智。静心思量，人生总是美好的，阳光总会如期而至，唯愿自己风雨中走过这平凡的路途后依然握紧内心的善良，依然存着一份美好的愿望，对人间依然有一种深深的祝福，但愿所有的朋友们都可以放飞忧愁，让心灵徜徉于青山绿水之间，遨游于碧海蓝天之上，在生命的旅途中收获一路旖旎的风光。

月下一杯茶

人生须跌宕起伏方显壮丽，生命因沧桑而凸显珍贵。

白日已尽，云霞西漫，夜幕挽着南风悄悄来临，随手洒落一把星子，点亮夜空昨日凋落的记忆。一轮朗月高挂在清澈的蓝天，雨后的夜晚，如银的月色洗亮了浪花的想入非非。星星闪烁着奇异的光芒，一个微笑，就温暖了整片海洋。

沏一杯清茶，让片片绿叶翻腾出缕缕的清香，在这美丽的月夜弥漫、流淌，多少生活的无奈，多少岁月的坎坷，多少人生的疲惫，且让它们都在这柔光中稀释，在茶香中淡去，三餐的五谷，人生的五味，都在茶中化作浓淡。人生如茶，纵然饱受磨砺挤压，前额的舒展正是因为那高温的冲刷，缕缕芳香正是千般揉搓的造化。人生须跌宕起伏方显壮丽，生命因沧桑而凸显珍贵。要哭就哭出激动的泪水，要笑就笑出成长的性格，不求与人相比，但求超越自己。

浮云人生，坦然来去。甘苦岁月，清淡日子，都用笑脸相迎。在繁星闪烁的夜晚品读明月，在静谧安详的晨曦中聆听微风，在这宁静的时刻最易读出生活的诗意和浪漫。

拂去眉间的哀伤，放下白日的繁忙，让时间静止在淡定的目光，用微笑去描绘那月光下的一池荷香，用心灵去品味那岁月里的人生茶香。

轻轻问过往

纵使洗尽铅华，那些刻骨铭心的往事，依然在心底。

红尘碎若轻烟，许多的过往，终于悄无声息地沉淀成一幅画卷，展开是叹息，叠起是无语。数不完的红尘，诉不尽的烟雨，当繁华落尽，纵使洗尽铅华，那些刻骨铭心的往事，依然在心底。

也许，所有的历练已经成长为坚韧，所有的苦痛已经转化为坚强，所有的风雨都在回首时化为那横跨在天空中的七彩霓虹。从来没有什么比磨难深刻，磨难把洗礼后的生命深深雕刻，让空洞的浮生在时光里绽放异彩。

背靠着光阴，静静地回味一路走来的风景。耳畔，是流年逝水轻声淌过的乐章；心间，有浓得化不开的温暖在默默流淌。伸出掌心，想要握住这一路的感动，才发觉它们早已洒满心海，一如千娇百媚的花朵开遍山野，缀满这一路的旅程。

学会忘掉仇恨

"恨"这个沉重的包袱，对自己来说是对生命的一种浪费。

我们无法抗拒生死，只能享受两者之间的时光，如果在这段有限的时光里总是背负着"恨"这个沉重的包袱，对自己来说是对生命的一种浪费，对他人来说是对生命的一种亵渎。

当我们遇到特别难相处的人或特别棘手的事情时，千万别埋怨或是因此而生出种种烦恼，一定要心生感激，因为正是这些人或事开拓了自己的胸怀并磨炼了自己的意志，只有在一次次自我极限的挑战中，我们才能锻炼得越来越坚强，越来越有气度，在未来的日子里能让自己头痛的人或事会越来越少，烦恼也就越来越少，所以我们实在是没有怨或恨的理由。如果要怨恨，那就怨恨自己的心胸太窄、气度太小、心志太弱。

多些理解，多些包容，就能告别仇恨，当心灵渐渐被善良和爱心充溢时，摊开手心，我们会发现幸福无处不在。

得失从容

聪明的农夫懂得在阳春播种，在金秋获实，我们也该懂得努力在今天，收获在明天。

梦幻的童年与缤纷的少年时期都已成为记忆，我们追不上流逝的光阴，改变不了岁月的更迭，但我们也不必懊悔。只要我们把握住了今天，我们就会拥有美好的明天。或许，明天等待我们的不一定是成功的喜悦；或许，明天留给我们的是生活的苦酿。但是，既然明白我们的生活并非一帆风顺，何不任风雨纵横；既然我们知道人生有悲欢离合，又何不让得失从容！

淡定地分享今天，品味幸与不幸，生命的力量是承担。承担快乐，也承担悲伤，重要的是相信自己，相信生活，相信明天。聪明的农夫懂得在阳春播种，在金秋获实，我们也该懂得努力在今天，收获在明天。

人生丰厚，风景千秋。走在河边，欣赏河之静；攀在山上，体会山之伟。拥有欣赏的心、希望的心，快乐地活在当下，只要阳光在，希望就在。得意时淡然，失意时坦然，把幸运留给明天，用心做好今天的事，不问收获，默默耕耘，让那朵希望的花在明天开得更灿烂。

品得往事皆如茶

茶要沸水冲泡后才有浓香，人生也要历经磨炼后才能坦然。

俗话说：“泡茶可修身养性，品茶如品味人生。”有人说“往事如烟”，还有人说“往事如歌”。当我们静下心看世间百态，每个人都或多或少想起些自己的过去，细细去想，有苦涩、有香甜，有欢乐、有忧伤，有平淡、亦有绚丽，如此之多。

往事如茶，越久越浓；往事如花，越开越艳。转眼好多年又过去了，在想往事或可说在品往事时，觉得更像是在品茶。人生淡淡，茶水清清，品茶，品的是一种心境，感觉身心被净化，滤去浮躁，沉淀的是深思。坐在一个人的房间，倒上一杯茶，看着茶叶的翻卷也常会生出好多感慨：茶要沸水冲泡后才有浓香，人生也要历经磨炼后才能坦然。无论是谁，如果经不起世情冷暖，浮浮沉沉，怕是也品不到人生的浓香。日子过得久了，历经了人情冷暖，再品人生往事，就像那三滚后的茶叶，慢慢地沉入了杯底，用沉默来作为微笑的表情，而那温软的茶水也就像我们的内心，足以接纳一切友善的或是不友善的表情。

在回忆往事时，如果你细心的话，就会发现我们经常会在想到一些小事时不由自主地发笑，像喝的浓茶，苦涩之后便是那悠长的清香。亦有很多曾让自己激动不已、心潮澎湃的往事，现在看来平淡无奇、索然无味。呷一小口茶，任清清浅浅的苦涩在舌间荡漾开来，充溢齿喉。之后，深吸一口气，余香满唇，在肺腑间蔓延开来，涤尽了一切的疲惫冷漠。人仿佛也醉了，朦胧中，久久不愿醒来。放开心胸后，往事带给我们的体悟也是如此。它使自己能更看清人生往事，过去的已成历史，给我们的是鉴戒、是答案。

在时光消磨中，或早或晚，都是错，都是过，只有那恰到的好处，心无杂念，致力一搏，是境界，是可遇不可求的心境。叹一声，清茶一杯，前世因果终是了。

茶禅一味，生活何不如此呢？

冷冷暖暖，都是春天

人生需要努力，更需要一份理智的情感去珍惜，一份豁达的心胸去包容。

立春的节气一过，我们都会主观地认为，春天就是天气一天天地变暖，但是我们往往忽略了倒春寒也是春天。真正的春天就是既让人们享受久违的暖阳，也让人们领略“春风不进屋，屋外冻得哭”的寒冷。冷冷暖暖互相交错，参差不齐，这才是真正的春天。

我们往往对于某一事物、某一人或自己的未来寄予过多的期望，当结果与自己的愿望相违背时，心里就会产生疑问甚至不满。其实，生活的真实面目就是有世态炎凉，也有人情冷暖，有阳光明媚，也有台风暴雪。既然这个世上会有五条腿的狗，会有白色的乌鸦，那我们就应该有心理准备：发生什么都是可能的，只有我们想不到的，没有发生不了的事情。

人生需要努力，更需要一份理智的情感去珍惜，一份豁达的心胸去包容。包容生活的美，也包容生活的丑。春天已经来临了，无论是艳阳高照，还是细雨霏霏，花儿都能一边抵挡春寒，一边享受阳光，热烈地绽放，我们又怎能畏惧甚至埋怨春天本有的寒冷？多些豁达，多些包容，多些随顺，不仅珍惜眼前美好的春光，更要珍惜自己眼前正拥有的一切。当生命里的某些东西终有一天离我们而去时，静静地看着夕阳的余晖渐渐地消失在天边，我们会欣慰地告诉自己，曾经的美好，我未曾辜负。

人间又是梅花香

人生，因为活着，所以活着。只有坚强，才能让失败去失败。

“不经一番寒彻骨，怎得梅花扑鼻香?”坚强是生活的主旋律，因为坚强，生活就会是另一番模样。

生命不能缺乏坚强。面对坎坷，面临痛苦，懦弱的话就会一败涂地。只有坚强，才能让失败去失败。就像词人李清照，虽是一介女流，但她坚强地走过了那些充满荆棘的路程，也因此，她对生活有了更深刻的认知，也凝结成更精彩、更美丽的词句留给了后人。在她的很多词中，没有一丝怨恨，有的只是一点对命运的哀叹和无奈，这也更增添了她对生活的热爱，即使是在心情的低谷，依然能够看到生活中的美。所以，坚强一些，让我们自己来改写命运的结局。

坚强是生命的一种声音，即使是默默无声的坚持，也体现了一种强大的力量，正是因为经历了坎坷，经历了磨难，所以思想变得更加深远。当你不受环境、自身与时代的束缚，不因家境变迁或事业有阻而沉沦，就能在重重阻碍中实现生命的价值，让生命怒放在最美的季节。

坚强不需要理由。人活一口气，没有志气就只有悲惨。一点小失败、小痛苦，就吵得众人皆知，总是去诉说自己的痛苦，那只会传播痛苦、放大痛苦。

活着，需要傲骨铮铮，咬咬牙，挺住，就什么困难都过去了。当实在不想坚持的时候，也不要无意义地指责老天，抱怨上苍的不公，为什么要让自己的人生如此坎坷，那是因为老天认为你是可造之才，对你寄予厚望，所以一定要坚强地活着。

人生，因为活着，所以活着。

人生在世点点好，过的徐州是沧州

学会观赏人生的荣辱，品尝世间的咸苦，而后才会知道人生是如此多姿。

只要有太阳的照耀，希望就会闪耀。在每一个平凡的日子里，因为希望，而看到生命的不平凡；也因为生活的不平凡，让希望成就辉煌。人的一世就像那万花筒，五颜六色，色彩斑斓。

人生在世，荣辱成败、是非得失，就如那喜怒哀乐、酸甜苦辣，岁月流转无时不在变化，随着时间的流逝，一切终将化成浮土。沧海桑田，在生活的荣辱沉浮间，在人们历经的沧桑中。让我们放开心灵的枷锁，享受那大自然的给予，春可赏绿，夏可玩水，秋可品菊，冬可滑雪，人生在世点点好。从京杭大运河一路向北，过的徐州是沧州。一路的风景、时时的变化告诉我们，许多事情没必要一成不变地去看，换个角度，换个思路，条条大路通罗马。“横看成岭侧成峰，远近高低各不同”，山岭如此，何况世事无常的人生?走得三步远，风景就不同，再看那千里运河，经千年岁月的洗刷，载过多少为名为利客，看过多少世间荣枯事，不论他人如何评说，总是以它宽容的胸怀容纳着一切，为人们的需要贡献着自己。学会观赏人生的荣辱，品尝世间的咸苦，而后才会知道人生是如此多姿。

人生由自己书写。当你学会享受工作，便会把它当作生活的乐趣；当你感受到奉献的快乐，就会慷慨地帮助他人。学会包容他人，从不同角度体验人生的点点温暖，才能感受世间的点点美好。

守候在命运的旅途中

天助自助者。成功不会向我们走来，我们必须走向成功，越努力，命运就会越好。

生命中有你不想做却不能不去做的事，这是责任；生命中有你想做却不能做的事，这是命运。人人手心都有一条属于自己的命运线，它只能在自己的掌心里，别人不能拥有，也无法改变。

命运是什么？冬天会下雪，夏天会打雷；树木可以燃烧，冰雪遇热融化；小草在泥土里生长，根深扎土中，茎叶长在地上——这就是命运。上天让我们从出生就具有了学习的本能，在社会中，学会了思考，这也是命运。但是人生的道路只能自己去走，大多数人想改造这个世界，但却罕有人想改造自己。一个人去做好自己，改变自己，当他有一定成绩时，他发现在他改变的时候，已经影响了周围的人，也改变着自己的小世界。

生，容易；活，容易；生活不容易。因为生活多姿多彩，所以人生就有高低起伏。低谷是人生的一部分，接受它，进而去享受它，人生的历程就是一首歌，一直唱高调，是会累坏嗓子的。天助自助者，有了奋斗才有成功，成功的路途中充满荆棘与挑战，成功不会向我们走来，我们必须走向成功，只有勇敢走下去，越努力，命运就会越好。

守候在命运的旅途中，你会看到生命的意义不在于活得长、活得久，而是在活得精彩、活得充实、活得有价值。我们不能决定命运，但我们可以改变生活，让它有春天的温暖，有夏天的激情，有秋天的收获，有冬天的喜庆。

回首那些飘远的温暖

洗去往日的浮尘，回味往事的繁杂，体悟其间的滋味，那飘远的温暖依然在你我心中。

当我们踏着脚下的石阶，一步一步登上长城的高处，远眺这万里河山，你会想到什么？

今天的长城，告诉我们的是往日秦王朝的强大，也告诉他的无奈。不论他有过怎样的辉煌，都已一去不复返。昔日的英雄，皆成了今日一撮黄土。历史的车轮滚滚前行，它见证了多少今日对往事的记忆，是悲是喜，是苦是乐，后人总是能从他日的历史看到今天的世界。往事悠悠，如烟如歌。往事如烟，随着历史的时空早已逝去；往事如歌，有千古流传的佳作，亦有被历史隧道所吞噬的了无痕迹。回首往事，历史的功与过，留给我们的都是经历与验证，是对我们的关心，是对我们的警示，是给我们留下的千万年的温暖。曾经的是悲是喜，是苦是乐，是非是怨，是恩是仇，今日的自己已然很难说明，放开心胸，往日这些变成了今天你我笑谈的话题。温暖依然，只是当时的你我早已看不清自我的心灵，心灵上的灰尘，让那春天的温暖远离了自己。

洗去往日的浮尘，回味往事的繁杂，体悟其间的滋味，寻求生命的答案。学会发现，学会回忆，学会让历史留住，让那飘远的温暖依然在你我心中。

向我们的人生问好

人生难免失意，但请不要忘记，黑夜过后必是黎明，每一次阴霾后定是晴空万里。

有一份牵挂总是在不经意间，悄然滋生。因为白驹过隙，日月如梭。人生，就像一段短暂的旅途，一次单程票的旅途，不论走到哪里，不管是深思熟虑或轻率冲动，都或深或浅地留下一些曾经的印记，但无论如何都应当向我们的人生问好。

坎坷与艰辛是人生旅途的基石。人生难免失意，但请不要忘记，黑夜过后必是黎明，每一次阴霾后定是晴空万里。又或许，夜空与雨中的景致更是别有诗意，既是一种体验，更让人难以忘怀。

飞越流年，人生能有几回搏？请把所有的畏缩情绪抛弃，请将所有烦忧的愁思收起，勇敢地面对现实，以火的激情、冰的冷静，执着地追求希望，创造出属于自己的精彩人生。无论命运是好是坏，人生是成是败，都向我们的人生问好。

和烦恼相忘于江湖

不舍弃鲜花的绚丽，就得不到果实的香甜；不舍弃黑夜的温馨，就得不到朝日的明艳。

自古红尘多愁绪，相忘江湖不须归。尘世里的江湖，是一场纷纷扰扰的乱红，飞过春秋过往的旧日时光，抖落心头落满的惆怅。在充满诱惑的世界里，不为外物所役，不被外境所扰，淡泊名利，物我两忘，我们就能真正掌握人生幸福快乐的金钥匙。

生活犹如万花筒，喜怒哀乐，酸甜苦辣，相依相随。有人因为事务繁杂而烦恼，有人因为无所事事而烦恼，有人因为无谓的琐事而烦恼，它们像荆棘丛生的沼泽地，横在人们的脚前，许多人往往受其羁绊，而陷入痛苦的泥潭中。

事实上，烦恼来自于生活的每一个点，人们每一步路、每一句话、每一件事都可能引发无边无际的烦恼。现在社会充满着竞争，有太多的忧愁，太多的烦恼，也有太多的不如意，自己想要的东西得不到，想去的地方去不了。很多人似乎觉得烦恼无处不在，无时不有。

其实在生命里使你富有的绝不只是有形的财富。当你拥有爱人、助人的兴致以及百折不回的情怀时，你就是战无不胜的。仁心爱意充满心怀，生命之树就会发芽，生活的美丽就会展开优雅的画卷。人生里阳光的东西增多，阴暗的东西自然逃逸。

尘世间所有的是非恩怨、爱恨情仇，转瞬即逝。无所谓拥有，无所谓失去。那些痛苦的记忆，那些烦恼的愁绪，化为秋天零落的枯叶，我们能把握的只有自己，只有今朝。与其一味沉浸在烦恼痛苦中，不如抛弃心头的负重，还自己明朗的心境，轻轻松松地行走。找到自己在社会和时空里的最佳存在位置，从此不徘徊、不犹豫、不奢求、不嫉妒，也就不再自卑、不再自负、不再自傲、不再自满，这样的生命如同白杨挺立路旁，搏击风雨，自在人生，无憾生活。

人的一生不可能都是顺境，面对困境不气馁，及时调整，适度放弃，重新选择，尽快从不幸和失意中奋起，信心百倍地投入到新生活中，从而感受生命的丰富。

不舍弃鲜花的绚丽，就得不到果实的香甜；不舍弃黑夜的温馨，就得不到朝日的明艳。风流总被雨打风吹去，何苦为名利困扰，为权势束缚，自苦终生？把烦恼相忘于江湖，用全新的眼光审视世间的名利、纷争、恩怨、情愁，与其让这些身外之物、无聊之事困扰自己，不如把握人生的真谛，实实在在做自己所想，风雨无悔，笑傲江湖。

生命里不可泯灭的是希望

触礁的未必不是勇士，敢失败的未必不是英雄。人生的关键在于，只要做了，输和赢都很精彩。

人总是活在希望之中的，旧的希望泯灭了，那就让新希望的烈焰随之燃烧起来。没有希望的人生是可怕的，而生命里不可泯灭的就是希望。

也许你航行了一生也没有到达彼岸，也许你攀登了一世也没能登上顶峰。但是触礁的未必不是勇士，敢失败的未必不是英雄，我们奋斗过就问心无愧，奋斗了就是成功的人生。只有怀着希望启程，才有可能到达理想的目的地；只有带着希望拼搏，才会获得辉煌的成功。所有的输和赢都是人生经历的偶然与必然。只要勇敢地选择远方，就注定了选择失败和成功的可能。人生的关键在于，只要做了，输和赢都很精彩。

人生是海洋，希望就像是舵手的罗盘，能让你在暴风雨中不致迷失方向。倘若满怀希望并全神贯注地工作，哪怕手艺匠也可以成为伟大的艺术家。那就让我们学着让生活充满希望。哪怕只是娱乐一下，钓钓鱼、下下棋。钓鱼的快乐就是鱼儿上钩，而等待鱼上钩就是自己的希望，这样钓了一条又一条，一天就在愉快中度过去了。即使一天一条没钓着，那这一天也充满了希望。下棋的快乐在于放松心情，下棋的魅力在于总给人希望，这一盘输了，还有下一盘，尽管再不好，也总是有希望。

昨天是一张作废的支票，明天是一张期票，而今天是我们唯一拥有的现金。只有今天尽自己最大的努力去做好，明天才有可能会更好。在这个意义上，希望本无所谓有，无所谓无。但是，希望是个航标，希望是个灯塔，只要总怀着希望，脚踏实地地努力去做，生活就有意义，就有情趣，就有奔头，就能每时每刻都体验到幸福。

坚强是生命永远的旋律

失败是人生旅途中醒目的坐标，只要坚强着就永远是生命中的胜利者。

因为四季轮回，我们感受着自然变幻，体味着春华秋实；因为喜怒哀乐，我们沐浴着生活七彩，聆听着生命韵律。春去春回，花谢花开，我们无须伤春悲秋；你去我来，人歌人哭，我们不必悲欢失度，因为坚强着才能成为胜利者。

人生中最留不住的是时间。容颜辞镜花别树，不声不响，无味无痕，托举着我们从懵懂中一路走来，倥偬中白发渐生，忽然就老之将至。只有在屈指可数的有限生命中，让自己变得坚强，变得有力量，才不辜负上天赐予我们这短暂的一生，才不会让生命变得苍白，才能做生命中的胜利者。人生苦短。所以，置身一处美景，就抓住机会好好欣赏；置身困境，也不要放弃希望，细细地感悟生命的每一段时光、每个启示。人生总有酸甜苦辣，只有体验它并不被其打倒，才能称得上生命中的胜利者。

生命中刺痛的挫折是使人成长的营养，失败是人生旅途中醒目的坐标，坚强是生命中永远的主旋律。严寒冷却不了生命的火焰，黑夜掩盖不了生命的色彩，时光终止不了生命的精彩，只要坚强着就永远是生命中的胜利者。

生命之舟，何须烦忧

生命最美的状态应该是淡然，是超脱，是开心。繁华落尽是平淡，喧嚣之后，依旧安详。

世上有多少人因为烦恼、忧愁而断送了自己的大好前程，又有多少人因为烦恼让自己的身心俱损，消耗了精力，影响了健康，加速了生命的消磨？生命对于我们只有一次，何须烦忧，她最美的状态应该是淡然，是超脱，是开心。

人世沧桑，走过生命的旅途，谁都有可能会彷徨，会忧伤，会有苦雨寒箫的幽怨，也会有月落乌啼的悲凉。但有限的生命不允许我们挥霍那份属于人生的宝贵时光。生活中难免会遭遇到种种难以预测的意外打击，与其戚戚于悲痛之中不能自拔，倒不如忘掉各种烦恼与不快，用微笑来面对生活。只有经历了风寒阴霾的苦砺，才会破茧走出苦难，走出坎坷，享受明媚的阳光。

大千世界，世事纷繁，烦恼、忧愁好像一把凿子，在人的面孔上凿出无情的皱纹，不但使人的面容憔悴，还会使人的心灵衰老。其实人生本就平凡、渺小，我们只不过如烂漫的春天里的一棵小草，不过是无垠的蓝天中一朵微小的白云。当你用积极的人生态度，举起微笑的双手叩开生活之门的时候，你就会被幸福和快乐包围起来；当你用悲观的眼神注视着充满阴霾的天空，躲在角落里用悲伤的泪水浸泡着流血的伤口的时候，那无疑是在用伤痛无情地、加倍地惩罚着自己。若把自己摆在恰当的位置，就能在平凡的日子里享受快乐的时光。

春风陶醉在春雨里，因为它享受着简单的滋润；骏马奔腾在旷野上，因为它沉迷于简单的自由。生命之舟，何须烦忧？在滚滚红尘中，能让自己拥有一份淡淡的情愫，过着恬淡的生活，那是人生多么悠然自得的美丽。能让自己的生命鸣唱出最美妙动听的天籁之音，那是生命多么珍贵的闪耀。不要把人生想得太难，繁华落尽是平淡，喧嚣之后，依旧安详。

打起精神向前活

走自己的路，为自己而活，宁愿笑着哭泣也不要哭着说后悔。

悠悠岁月，漫漫人生，我们难得有一次生活在这个世界上的机会，伴随着酸甜苦辣，伴随着荣辱沉浮，好似一杯刚沏好的茶叶，漂浮不定。

人生在世，每天都有需要我们做的事，每天都有要干的活儿，每天都有要做的工作。只有打起精神，积极地在每日的清晨出发，才能收获一天的希望。因为世界对每个人都是一样的，只是由于每个人的认知不同，所以每个人的感受才会不同。只有在自己的生活实践中坚强地活下去，在风雨中磨砺，在磨难中成长，完善自己的人格，提高自己的境界，才能让自己的世界变得更宽更广。

如果现在我们的生活比别人优越，一旦不再努力，优越就会失去，我们必须努力地向前走。如果现在我们的生活比他人困苦，那我们更需要打起精神向前活，因为，日子需要打理，生活需要继续。只要坚强就没有什么山是过不去的，也没有什么是可以让自己萎靡不振的。假如有一天能平淡地老去，相伴一溪流水，相约满目青山，也是一种无限的快意。一生恪守着过有底线的生活，做有分寸的事，也是一种大解脱。

天晴看蓝天，雨中亲润酥，清晨观日出，黄昏睹斜阳。走自己的路，为自己而活，宁愿笑着哭泣也不要哭着说后悔，生命因活着而精彩，生命因精彩而美丽，生命因活着而充满意义。

破茧成蝶

生命因坚强而美丽，不能战胜生活就会被生活抛弃。

人生的华章只由自己奏响，人的命运不能只由上天安排，命运应当掌握在自己手中。生活就是以不变应万变的过程，无论生活给予我们的是什么，我们都要用一颗积极乐观、友善自信的心来迎接生活中遇到的一切顺境或逆境。

不能战胜生活就会被生活抛弃。生命因坚强而美丽，所以在挫折面前不屈服，在困难面前不气馁，默默地积蓄着力量，汲取着养分，努力地吸吮每一滴水的滋润，接受每一次阳光的照耀，就等待着破茧成蝶的那一天。把每一次磨难当作财富，把每一次饥寒交迫的困境当作提升，把每一次跌倒当作鼓励，让我们用坚强和善良舞出生命中的绝美，演奏一曲盎然的生命之歌。

似水流年，浮生若梦

春有暖风熏，夏有落雨赏，秋有菊花黄，冬有飞雪扬，只要是满怀希望的人生，每个季节都会弥漫着芬芳。

朝花暮日，春去秋来，风景依旧，物是人非。一天天，一年年，岁月像风一样，在我们的指尖不经意地就过去了。

人生的旅途中，有时阳光明媚，温暖如春；有时雪花飘舞，瞬间即逝；有时如梅花挺拔，不畏冰雪严寒；有时如昙花一现，经不起时间的考验。在我们人生中，不管遇上多大的困难和挫折，都要留心自己身边的每一次绽放，每一次的花香，所有的一切都是我们有限的时光中最美、最宝贵的珍藏！春有暖风熏，夏有落雨赏，秋有菊花黄，冬有飞雪扬，只要是满怀希望的人生，每个季节都会弥漫着芬芳。

生活的歌谣时而开心快乐，时而忧悲愁恼，在漫漫的人生路中，我们也许会失去一些自己珍爱的人或物，但也会在彼处不经意间得到。即便是暂时失去了，又如何呢？不过是得之我幸，失去我命，人生本来就是在得得失失中，如此而已。当尘世中的风风雨雨让我们彷徨苦闷时，我们往往不知道等待自己的是什么，但是我们需要静下心来，相信每一个新的一天都为我们掀开了新的一页，每一个新的一天都为我们带来新的希望，生命的希望从来不曾远离，就在我们敞开心扉、抬起头迎向阳光的那一瞬间。

也许生活中的希望若隐若现，也许在未知的远方，也许就在我们的不远处，只要我们不懈奋斗，不懈追求，光明和温暖也就不再遥远。

人生没有一帆风顺的，都是生命的坚强在抵御着各种艰难困苦。生命就是平平淡淡又充满希望地活着，有了希望就有了未来，希望之花在期盼中绽放，理想之果在期盼中成熟，岁月就在一代又一代人的不断期盼中渐渐灿烂，越来越美好。

漫漫人生，遗憾有时，畅达有时；悠悠岁月，愁绪有时，舒心有时。既然月缺月圆，本自天然，悲欢离合，人生难免，何不任乍起的浮躁在阳光下稀薄，任清愁淡绪在微风里飘散，任梦幻的羽翼在蓝天下飞舞？在花开时欣然静赏，在花落时坦然面对，感谢生活的圆满，以优雅的姿态去品读我们的人生，以友爱的精神去对待我们的朋友，以豁达的心怀去善待我们的世界。

缱绻红尘，散淡人生，人生的悲与喜无从识别，得与失重重叠叠。人生没有完美，生活也没有完美，遗憾和残缺始终都会存在，穿越岁月的风雨，才发觉已经失去的东西很珍贵，没有得到的东西也很珍贵，但世间最珍贵的还是去把握现在，去珍惜这似水的流年。时光匆匆，稍纵即逝，没有岁月可回头，因此，要做的事情就得赶快行动，别让明天依然空着双手，很多事情一旦错过就永远错过，甚至连后悔的机会也不给你一次。

岁月如歌，歌如旧，人生如黄河之水，奔流到海不复返。不要再挥霍自己的生命，不要再轻掷自己的年华，闲度的时光不会再来，逝去的青春无法再复返。日复日，年复年，时光未老，我们老了，所以无论还剩下多少光阴，也许漫长，也许所剩无几，把握宝贵的每一分、每一秒，耕耘岁月，在学习中充实自己，在努力中完善自己，在追求中超越自己。别把生命交付给烦恼，交付给忧伤，交付给迷茫，相信生活，相信希望，远离昨日的沧桑，放飞旖旎的梦想，携一片生命的馨香，奔赴明天的辉煌！

岁月无语如静流

只有感受过疼痛，步伐中才会有那种荣辱不惊的从容；只有经历过坎坷，眼神里才会有那种面对纷繁世事的淡定。

韶光似水，潺潺不息，花开花落，冬来秋去，瑟瑟的风裹挟着冬的寒冷呼啸而来，尘世的风霜摇落了南国红豆，冰封了天涯海内。一个人的生命犹如浩瀚的大海，不管风平浪静还是汹涌澎湃，一天一度的潮汐总把那些层层叠叠的日子留在岁月的沙滩上，有的苍凉有迹，深深浅浅，有的水过无痕，斑斑驳驳。这些有形的和无形的过往，就是琐琐碎碎的生活。

寒风袭来，大地经过春秋的繁华需要冬天休养生息，为的是来年的枝繁叶茂、春华秋实。人生也需要经历风霜雪雨的磨砺，为的是更加坚强和完善。只有感受过疼痛，步伐中才会有那种荣辱不惊的从容；只有经历过坎坷，眼神里才会有那种面对纷繁世事的淡定。生活的艰辛、人生的不易、岁月的蹉跎、世事的变迁，生活就是五味瓶，酸甜苦辣咸样样不能少，否则生活就会失去很多味道。

岁月如同涓涓细流，不声不响，就这样从自己手指的缝隙间悄然溜走。浮生若梦，为欢几何？曾经沧海难为水，繁华落尽成悲凉。偶尔的一转身，一回眸，我们会发现往昔中那些自己曾执着过的人和事，在滚滚红尘的车轮下已然在无声无息中化为了缕缕烟尘。叩问一声自己：在这个熙熙攘攘、争名夺利的人世间，我们到底得到了些什么？

穿透岁月斑驳的印痕，静静咀嚼这岁月的甘苦和时光的不再。在记忆的深处，那些有过欢笑、流过泪水的日子，那些曾经的喜怒哀乐、点点滴滴，都那么清晰地呈现在眼前，定格在每个人的心上，成为我们生命中一道独特的风景。

生活教会了我们如何取舍，如何从容、淡定地面对一切。我们在生活的历练里慢慢长大，渐渐成熟。“成熟是一种明亮而不刺眼的光辉，一种圆润而不腻耳的音响，一种不需要对别人察言观色的从容，一种终于停止向周围申诉求告的大气，一种不理会哄闹的微笑，一种洗刷了偏激的淡漠，一种无须声张的厚实，一种并不陡峭的高度。”

时光柔软，岁月静好，冬风依然在平坦而宽厚的土地上自由奔跑，头顶上依然是悠然流动的浮云，天空依然深邃而静谧，穿越了那些悲喜交织的过往，微笑并且怀念着前行。冬天的来临，也意味着春天在向我们靠近，因为，我们始终相信，这条踏实而坚定的路途，必定一路落叶纷纷，一路新绿葱葱。生活中的烦琐喜哀，不妨让它们在岁月里沉淀。静静地看着凋零的落叶悄然飘落，轻轻地触摸着冬的气息，拈一朵微笑的花，凝成一缕柔情，将冬天的深邃镌刻在生命的记忆深处，把人生的得失和感悟揉进呼啸的北风里，一切荣辱沉浮、是非恩怨，笑着面对，不去埋怨，风干过往，好好珍藏，且看飞雪曼舞，满树琼花又一冬。

生活非常道

流行的不一定是正确的，人生道路需要在收敛中克制自己。社会纵然千般复杂，生活纵然万般变化，我们永远没有随着不良习气随波逐流的理由。

浅狭一心，到处便招尤悔；因循二字，从来误尽英雄。生活是一门艺术，需要智慧，也需要包容。很多时候，外界给我们很大的影响，常常让我们失去自我。我们盲目地追逐个性张扬，错误地追求与众不同，结果只是让自己更任性、更无知。流行的不一定是正确的，人生道路需要在收敛中克制自己。

朋友之间的友谊不应以喝酒的多少来衡量，所以当众人都举杯豪饮时，为了大家的身体健康，放下酒杯，劝人少喝甚至不喝，以茶代酒，友谊一样醇厚纯真。当朋友或家人与他人发生摩擦时，不要为“自己人吃亏了，没面子”而拍案、仗义出手。群殴或单斗，体现的不是勇敢正义，而是理智的丧失、智慧的缺乏，显示的是人的无知和愚昧。真正的面子是德行，是一个人的心胸，是一个人的包容。学会忍让，学会克制，学会善良，这更需要勇气与担当。

没有什么理由可以让我们荒废自己。不是受过伤害，就有攻击的理由；不是受过欺骗，就有仇恨的理由；不是受过艰辛，就有埋怨的理由；不是因为吵架，我们就有了以牙还牙的理由；不是看见撒泼，我们就有了随口说脏话的理由；不是遭遇庸俗，我们就有了堕落的理由。社会纵然千般复杂，生活纵然万般变化，我们永远没有随着不良习气随波逐流的理由。流俗，只会把我们自己的人格和尊严贱卖了。哪怕我们真的受到伤害，受到欺骗，我们也没有仇恨的理由，因为仇恨会肮脏我们的心灵。同样，我们也永远没有嫉妒、庸俗、狭隘的理由，它会使我们的世界变得灰暗，缺少了阳光。

话说出去之前你是话的主人，说出去之后你便成了话的奴隶。说话不仅是一门艺术，也体现一个人的涵养。多说好话，多说祝福语，伤人的话一定不要出口，不雅的话也不要从自己的口中说出去——即使有些不雅的话已经成为流行语。盲目地追逐所谓的时尚、所谓的流行，只会迷失自己，丧失自己的德行。无论时光如何流逝，永远的时尚是善良；无论岁月如何更替，不变的流行是微笑。

生命是短暂的，时间是有限的。当生活不能如愿以偿或者不尽如人意时，不要一味地计较和埋怨。当许多的人都在声讨社会太复杂时，我们依然保持简单；当许多人都在申述生活的艰辛时，我们还是埋头苦干；当许多人都在埋怨人情的冷暖时，我们仍旧相信善良。人们常常不讲道理，不讲逻辑，自以为是，无论怎样，原谅他们，当然，真正原谅的还是我们自己。如果你心地善良，人们可能会指责你别有用心，但无论怎样，请坚守心地的善良；如果你诚实坦率，人们可能会欺骗你，但无论怎样，请保持真诚坦荡；如果你事业成功，你会赢得一些虚假的朋友和一些真正的敌人，但无论怎样，请一如既往以爱心相待。

世界上只有想不通的人，没有走不通的路。相信生活，坚守善良；相信明天，拥抱太阳；相信春天，放飞希望。喜爱一切美好的事物，赞美并享受它们所带来的美好。细雨中梦回那一条童年的小溪，去倾听“时有落花至”的清音，去轻嗅“远随流水香”的芬芳，让淡淡的春水在眼眸中荡漾，让浓浓的春意在眉梢绽放，随着一汀烟雨一树杏花氤氲成一幅恬淡而又缥缈的山水渲墨。微笑面对人生所有的晴与雨，喜看朝霞，醉饮清露，快乐无忧地活着。

生命要与快乐结缘

如果生活已经很苦闷，再用剩下的时间来咀嚼苦闷，只会让生活更加糟糕，所以要放开心胸，学会从苦闷中解脱出来。

生命如同一朵花，花开总有花落时。既然人世间最宝贵的是生命，那么，我们应该如何地度过这一生？快乐是一辈子，痛苦也是一辈子，为什么我们不活得更快乐一点呢？

如果生活已经很苦闷，再用剩下的时间来咀嚼苦闷，只会让生活更加糟糕，所以要放开心胸，学会从苦闷中解脱出来。人生道路上总会有失望、伤心、孤独、挣扎和苦痛，你会被日常生活的打击、工作的疲惫消磨得筋疲力尽。但是无论遇到怎样的处境，都要记得一切从快乐出发，不要逃避生活，不要躲藏抑或封闭自己，拥抱新鲜事物，经历全新体验，或许我们失败了 10 次，但是，也许成功就在第 11 次。如果我们把自己关在门外，我们就会错过成功，错过生命中最快乐的时光。有时我们得到的结果是挫折而不是成功，生活并不会总是如人所愿。但是我们要坚强，并继续向前，而不要因为这些事而陷入低谷。接受挫败并学会坚持，不畏风险地追求我们的梦想，把消极转化为积极，让这些痛苦成为我们通向更美好生活的垫脚石，并学会利用它们让自己更坚强，即便我们失败很多次，也不要被失败打倒。

让生活中与他人之间的不快和误解，让生活中的不幸和悲伤……让所有的烦恼都在海水涨潮的时候随着潮水的逝去而消失。要用心记住别人对自己的每次帮助，把心中的感激和彼此之间的快乐和友谊刻在石头上，让它能和石头一样不朽。

快乐是需要自己去培植的，需要用心去体会的。如果我们用心去体会，蒙蒙细雨会给我们欣喜，习习凉风会给我们惬意，万里晴空会给我们舒畅，一句简单而朴实的问候传递的是友好，一个无言而坚定的眼神传递的是鼓励，一次有力而温暖的握手传递的是支持，哪怕我们接到的只是一杯白开水，这里面也蕴涵了浓浓的关爱。生活其实一直被幸福包围着，只要我们用心去体会，快乐便时常和我们相伴。

感受快乐要有一颗知足的心。只有知足才能去享受生活，才能放松自己的思绪。知足并不与自己的梦想相矛盾，知足只是对现状的满足，只是活在当下的生活态度。只要我们用心去体会，我们会发现自己拥有的东西还是很多的。人要活在当下，享受眼下的生活。放弃一些烦恼，放弃一些利益，减轻生命的包袱，便能轻装上阵，就会与快乐结缘。

快乐要有一种拿得起、放得下的胸襟。很多时候，人是拿得起、放不下。放得下是一种洒脱，懂得放下才会快乐，背着包袱走路总是很累的。小溪放弃平坦，是为了回归大海的豪迈；黄叶放弃树干，是为了期待春天的葱茏。蜡烛放弃完美的躯体，才能拥有一世光明；心情放弃凡俗的喧嚣，才能拥有一片宁静。放弃了蔷薇，还有玫瑰；放弃了小溪，还有大海。放弃了一棵树，还有整个森林；放弃了驰骋原野的豪放，还有策马徐行的自得。懂得放弃，是一种智慧，学会放弃之后，常常会收获意外的快乐。

快乐其实很简单。只要每天让自己进步一点，让自己多去发现一点点，内心就会充实起来、快乐起来。只要用心去体会，便会发现处处都是惊喜。学会给自己一个快乐的心情吧，用快乐去阐释工作，人生就远离了怅恨烦恼；用柔情去打磨日子，岁月将赠予我们无比丰厚的回馈。

快乐是生命的支点，无论生活给我们什么，我们都要从快乐出发。给我风和日丽，我就是一朵欣然绽放的花朵；给我曲折，我就是那条欢快地向前奔流的小溪；给我宽广，我就是那只凌空翱翔的雄鹰；给我风雨，我就是那根千磨万击还坚劲的翠竹。无论怎样，也不要改变我们对生活的热爱；无论怎样，我们也不放弃对快乐的追求；无论怎样，都让生命不被生活中的烦恼所束缚，让心灵自由自在，让每一天的生活都精彩纷呈。